齐锐◎著

七堂极简天文历法课

中国纺织出版社有限公司

图书在版编目（CIP）数据

七堂极简天文历法课 / 齐锐著. --北京：中国纺织出版社有限公司，2022.10（2024.10 重印）
ISBN 978-7-5180-9850-7

Ⅰ.①七… Ⅱ.①齐… Ⅲ.①古历法—中国—普及读物 Ⅳ.①P194.3-49

中国版本图书馆CIP数据核字（2022）第167407号

責任編輯：李凤琴　　責任校对：李泽巾　　責任印制：储志伟

中国纺织出版社有限公司出版发行
地址：北京市朝阳区百子湾东里A407号楼　邮政编码：100124
销售电话：010—67004422　传真：010—87155801
http://www.c-textilep.com
中国纺织出版社天猫旗舰店
官方微博 http://weibo.com/2119887771
北京华联印刷有限公司印刷　各地新华书店经销
2022年12月第1版　2024年10月第8次印刷
开本：710×1000　1/16　印张：15
字数：162千字　定价：68.00元

夜空中最亮的星

最早我是先拜读了齐锐老师写的《漫步中国星空》，后来通过厚朴临床三期班同学马丽的介绍，结识了作者。我们一见如故，晤谈甚欢。我当即决定邀请齐老师执教厚朴中医临床班的天文历法课。

星空不是领空，为啥要强调"中国"二字？其实这就是文化自信的问题。星星只是客观存在，而星象则是结合了观察者的主观意愿。西方人将神话故事和自身历史融入其中，随着天文知识的普及，西方星空文化的话语权占据了主流。相比之下，中国星宿文化却变成个别零星的存在，没有办法像西方星座体系那样弘扬本国文化及历史，没有办法成为中国软实力的组成部分，没有办法成为中国人的骄傲。一旦我们把西方天文学当成唯一的真理和标准，忘记了我们有自己的观测记录和理解，才是最可怕的。西方星座文化的强大，曾经表现在某博物馆的展览中：在对钱王陵墓中出土的星图展示时，展板设计制作者竟然用大量光学纤维模拟出一个漂亮的西方星座体系的星空，而不是中国古代星宿体系。

在历史上，我们的传统星空被篡改了，现在一提到星星，几乎都是外来的名称，而忘了我们的先人对星星有自己的认识、有自己的命名。齐锐老师，毕业于清华大学，是人工智能专业的博士，他热爱天文，热爱星空。他写的《漫步中国星空》，就是想恢复我们中国人对传统星象的认识、看法和命名。

天文学是一切学问的母学。有着超过五千年历史的中华文明，其文化的基石就在于延续不断的天文观测和记录，以及浸透在生活各个方面的、基于"天人相应"观指导工作生活的历法。想理解中华文明和传统文化，如果不了解中国天文历法，就不能理解基于此而衍生的各种学科。

基于天文，我们还有历法课。"法于阴阳"其实就是根据太阳、月亮的变化去制定历法，天文和历法是中医的根本。我们讲"人法地，地法天，天法道，道法自然"，其实就是根据天的变化来确定人的变化，所以我们的认识要比某些学科高级得多。作为一切学问的母学，基于天文，我们才有了阴阳，也才有了五行，五行就是根据古代的十月历来的。

感谢齐锐老师，厚朴临床班学员、厚朴三年微信免费公开课的学员、厚朴筑基班的学员都跟随他的课程受益良多。我曾经带厚朴临床班学员游学，邀请齐老师随队指导，我们两次去过鄂尔多斯沙漠中的七星湖、四川阆中、山西大同观测星空。我记得内蒙的朋友在招待我们时，得知我们此行的目的是观测星象的时候，竟然感动到落泪，说中国需要仰望星空的人。

我们就是要做眼里有光，手上有气，胸怀温情，心生敬意的中华文明的继承人和捍卫者。

每年立春厚朴要在社稷坛（中山公园）音乐堂举办"春之生"音乐会，每次我们都会选《夜空中最亮的星》作为主题曲。我记得每次歌声响起，我就会对坐在一起的齐锐老师说，您就是夜空中最亮的星。

恭贺齐锐老师在厚朴筑基班的天文课基础上出版新书，我们将选用此书作为筑基班教材。祝愿齐老师能影响更多的炎黄子孙。

承蒙邀请，甚为惶恐，不揣冒昧，乐之为序。

徐文兵

黄帝纪年4719年，壬寅秋分

西历2022年9月23日星期五

于北京

目录

第一章

时间历法的基础知识

日常生活离不开时间和历法。古人通过观察日月星辰的运动，发现了时间的各种周期，并总结规律，制定历法。这一过程体现出古代天文学"观象授时"的重要内涵。

▶▶

第一章
时间历法的基础知识

古人如何认识时间

观象授时 —— 日 日升日落　月 月相圆缺　年 寒暑交替

历法是什么

概念：通过研究日月五星的运行，推算年、月、日的长度，建立它们之间的关系，制定时间系统

地球自身自转的周期 一日 ➡ 太阳东升西落的周期 **真太阳日**
月亮绕地球公转周期 一月 ➡ 月相的圆缺变化周期 **朔望月**
地球绕太阳公转周期 一年 ➡ 日影达到最长的周期 **回归年**

历法的主要任务：协调历法中年、月、日的长度，使其尽量与真太阳日、朔望月、回归年保持一致

星球运动周期不固定，且三者互不为整数倍关系
为便于使用，历法只能尽量反映天象，无法完美

◇ 历法中的要素

定岁首：确定时间历法的标准，是国之大事
定一年中第一个月（正月）
定一月中的第一天（朔日）

纪历：记录某个事件发生的时间
纪元：记录某部历法的起点时间
例 公元元年 —— 公历的起点

历法的种类

◆ 阳历：依靠观察太阳的运动规律，以回归年长度为基础，也叫太阳历，如公历、二十四节气历

◆ 阴历：依靠观察月亮的运动规律，以朔望月长度为基础

◆ 阴阳合历：兼顾阴历和阳历，以朔望月计月的长度，以回归年计年的长度，最能反映客观天象的历法，如农历

一张简单的日历通常会包含多个历法：
公历（我国目前施行的正式历法）、二十四节气历、农历

统一的时间体系

真太阳日：反映太阳的真实运动，每天都变化
平太阳日：反映太阳的平均运动，匀速且均等

地方时：以观测者的子午线为基准的时间
标准时：以本国重地所在子午线为标准的时间
世界时：由格林尼治子夜起算的平太阳时

全球的时区划分

经度差15°，时间差1小时，划为同一时区
以经过格林尼治的本初子午线为零度零点
全球划分成24个时区，对应一天的24个小时

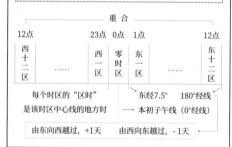

每个时区的"区时"　东经7.5°　180°经线
是该时区中心线的地方时　—— 本初子午线（0°经线）

由东向西越过，+1天　由西向东越过，-1天

协调世界时

原子时：用原子振动来定义的时间系统，出现秒
准确、稳定，但无法反映天象，误差会越来越大

协调世界时 UTC

基于天文的世界时 + 基于微观的原子时
每一秒时长用原子时来衡量
时刻上采用来自世界时的平太阳时

上 历法：年月日时的法则

度量时间的尺度

既然要学习历法，自然离不开时间的概念。

我们知道，日常生活常用的时间单位主要有年、月、日、时、分、秒，其中，作为最基本的时间尺度单位，年、月、日的起源最早。当然，现今在国际单位制中，时间的基本单位是秒。不过，秒是近代西方科学出现以后才有的时间单位。无论东方还是西方，在近代以前，年、月、日这几个时间单位，无疑是最重要的。因为在古人的社会生活和生产实践中，根本不需要秒这么短的时间单位。

那么，年、月、日这些时间单位的依据从何而来呢？答案就是天象。中国古代天文的主要内容是"观象授时"，即从观察天象的变化，来确定和发布时间、历法。例如，地球围绕太阳的公转，它的周期决定了一年的时间长度；月球围绕地球的公转，其周期则决定了一个月的长度；而地球自身的自转周期，则决定了一日的长度。可见，对于度量时间的尺度，天文学是决定性因素。因此，天文、历法不分家。

我们来看看古人是如何认识年、月、日的。

自古以来，先民们在生产和生活中，注意到日月星辰的升落、自然界的寒来暑往以及草木枯荣的变化。人们慢慢有意识地去观察它们，探究它们的周期规律，以期能顺乎自然，以利生存和发展。这就是上古时代天文学的萌芽。

日升日落造成的明暗交替，一定会给地球上的人们留下最为深刻的印象。古人常说，日出而作，日入而息。先民们以太阳的出入作为劳作休息时间的客观依据。这也是亿万年来，生物遗传和进化而来的生物钟规律的体现。于是以太阳的出入为周期的"日"的概念，是古人最早认识的时间单位。

除此之外，作为夜空中最亮的天体，月亮的圆缺变化，则是另一个明显的天象。月亮的亮光对于人们夜间活动的安排是关键因素。同时，与它的出没相伴的潮汐现象，也决定了以捕鱼为生的渔猎文明的活动规律，因此，对月亮变化规律的认识，对于古人来说也意义重大。于是无论东方还是西方，都不约而同地把"月"这个时间周期的名词，与天上月亮的名称等同起来。

从认识的难度上看，对一"日"的认识和把握最为容易，因为它的时间周期比较短。而对于较长一些的"月"这个时间概念来说，认识的难度要稍微大一些，但通过计数，先人们很快就弄明白了一个月的周期大概是30日。

与"日"和"月"相比，对"年"这个时间尺度的把握，则难度大得多，因为它的时间周期相对较长。不说古人，即便是现代人，假如放弃已有的日历和现代化设备，自己来观察和测定一年的长度，恐怕绝大多数人也是束手无策，无计可施。

对于古人来说，虽然难度大，但是"年"这个概念也是必须认识清楚和准确的，因为它的意义重大。寒暑交替、雨水和干旱、渔猎和采集甚至是农业生产，文明的各个阶段都离不开年这个周期因素。先人们想尽了所有办法来观察它的规律，最终通过太阳和星辰的运动，总结得出了"年"这个时间单位的长度。

可以说，天地决定了古人所认识的空间方位，而日月则决定了他们的时间尺度。作为现代人，尤其是生活在城市中的人，我们习惯了盯着各种大大小小的屏幕，从办公软件到股市的起伏曲线，从追剧的热潮到朋友圈的刷屏，却已经不知不觉地远离了自然，不关心身边的一草一木，无暇抬头仰望星空，就连每天挂在夜空中的月亮也视而不见。试问，这样的人怎么能感受到空间和时间的真实存在呢？只有生活在自然中，养成抬头仰望星空的习惯，与天地相应的人，才能体会到宇宙的奥妙与真谛。

观象制历的原则

为了制定历法，古代天文学家们勤奋地观察天象，精心制作观测仪表，仔细地推算，然后再来观天验证。他们不厌其烦，精益求精，以求与天象相吻合。

在《续汉书·律历志》中有："昔者圣人之作历也，观璇玑之运，三光之行，道之发敛，景之长短，斗纲所建，青龙所躔（chán），参伍以变，错综其数，而制术焉。"这里描述的是古人观天象、制定历法的过程。其中，"璇玑"是指北斗七星，"三光"指的是日、月和五星，"道"乃黄道，"景"为圭表的影子。简单地说，人们制定历法的依据，离不开观察日月和五星、北斗七星等的运动，离不开圭表上的日影来指示太阳在黄道上的位置。

建安七子之一、东汉文学家和思想家徐干在《中论·历数》中也有详细的阐述，他说："昔者，圣王之造历数也，察纪纬之行，观运机之动，原星辰之逆中，寤暑运之长短，于是营仪以准之，立表以测之，下漏以考之，布算以追之。然后元首齐乎上，中朔正乎下，寒暑顺序，四时不忒。"作为一位思想家和文学家，徐干显然已经领悟了古代历法的本质，他的论述大体反映了当时知识分子的一般认识。

到了汉魏之际，以"合天为历本"的思想，已经深入人心。西晋时期的律学家和军事家杜预曾研究历法，并著有《春秋长历》，他在著作中提出："当顺天以求合，非为合以验天。"文字虽然简短，但是反映了自古制定历法时对待"合天"的思想，有两种截然不同的态度。

第一种态度，"顺天以求合"，认为主观应该服从于客观，顺从客观的天象，制定历法，若二者合，则行之，若不合，则改之。这样历法就处于一种灵活动态的状态中，始终追求与天象相拟合。这是科学的态度，是古代历法发展的主流。从先秦到清代，我国古代历朝历代共颁行过一百多部历法，大多数都是对既有历法的不断改进，以求与天象相吻合的。

第二种态度，"为合以验天"，认为如果天象与历法二者相合，固然求之不得。如果不合，则客观天象只能屈从于主观，可以让历法来曲解客观的天象，这样的历法处于一种随意、僵化的状态。作为后人，我们今天来看这一态度，似乎显然没有什么道理，但是作为当事者，在古代历史上，就出现过很多这样的人和事，它们阻碍了历法的改进，混淆了人们的观念，甚至蛊惑了不少当权者。

对于这两种态度，显然杜预是赞成前者的，他的看法也成为后世许多历家的座右铭，对于历法的发展产生了巨大的影响。

在后面的讲解中，我们会讲到汉武帝时期颁布我国历史上第一部正式的历法——太初历的故事，在那里就会看到这不同思想观念和态度的斗争，相当精彩。

历法是什么

谈到历法，人们直观的印象可能就是一本日历，但是实际上，纵观我国古代的历法原始文献，就会发现它所包含的内容远不止日历上呈现给我们的那些。

简单地说，"历法"是通过研究日、月、五星的运行，推算各种计时单位的长度，建立其间的关系，并制定时间的序列法则的科学。自古以来，历法是天文的分支之一。在现代科学体系的天文学中，与历法制定有关的学科分支是天体力学。而从我们日常生活来看，所谓历法就是推算年、月、日的时间长度和它们之间的关系，制定时间的序列的方法。

在《尚书·舜典》中有："岁二月，东巡守，至于岱宗，柴，望秩于山川，肆觐东后，协时月正日，同律度量衡。"叙述的是舜在执政之初，东巡到泰山的过程，在那里他完成几件重要的事情，就是"协时月正日，同律度量衡"，用今天的话说，就是制定历法，把年、月、日的关系弄清楚，并且通过协调音律，来统一度量衡。在古代，这几件事情，都是天子或者帝王在建立政权时要做的事情。

古人把时间、历法叫作"法"，而把用来统一度量衡的高低音阶称为音律，这就是"律"。如此看来，舜帝做的第一件大事就是制定

"法"和"律"。到了今天，新建立一个国家，要做的第一件事情，不也是颁布法律吗？

在古人看来，制定历法、统一音律，在本质上是相关的，所以我国古代大部分史书中，都把关于历法的"历书"与关于音律的"律书"，合在一个篇章中，叫作《律历志》。

简单来说，历法涉及三大时间要素：年、月、日。制定历法者要做的主要工作有二：第一，需要想尽一切办法，确定它们各自的长度，并协调它们之间的关系；第二，制定一种记录时间序列的办法，叫作"纪历法"。最终在政权控制下颁布历法，在社会公众中施行。

历法中的时间协调

我们说过，年、月、日是历法的三大要素。从技术的角度来看，历法的规则最主要的无非就是把年、月、日这三者的时间长度协调好，使它们尽量与自然节律相吻合。

历法中的年、月、日，一般称为历年、历月、历日。在理论上，它们应当近似等于各自在自然界中所对应的时间周期单位，也就是太阳、月亮和地球三者的运动周期。

首先来看自然界中的年、月、日周期。

古人早已习惯把日出日落的时间周期，称作一"日"。假如忽略每一日的长度存在细微的差别，权且就把"日"固定为天文历法上的最小时间单位。在天文学上，太阳出没的时间周期叫作"真太阳日"，它是历日的客观基础。

月相的圆缺变化周期是"月"这个时间单位的依据，它称为"朔望月"，它是历月的客观基础。

我们知道，从"年"这个字的写法上，能看到"年"的周期长度是以谷物收种的轮回为标准的，这与植物赖以生存的温度变化有关，说到底，也就是和太阳在地球上直射角度的变化有关。人们通过"立杆测影"的方法观察太阳的运动规律，一年的过程就是日影长短变化的过程。发现每年都有一天日影达到最长，从日影最长的一天到下一次日影达到最长的一天，这个时间周期，就是自然界的一年，叫作"回归年"。

那么，如此一来，历法的主要任务就是协调历日、历月、历年与真太阳日、朔望月、回归年的长度，让前者尽量与后者保持一致。

为什么说只能是"尽量"做到一致呢？

人们通过观察发现，"朔望月"的时间长度并不是"真太阳日"的整数倍，朔望月的平均长度是29.53日，它处在29日和30日之间。此外，回归年年长是365.2422日，也不是日的整数倍。问题还没完，原来，回归年也不是朔望月的整倍数，一回归年的长度在12~13个朔望月长度之间。也就是说，在自然界中，年、月、日三者之间全都不是整数倍的关系。

如果完全按照自然界的月和年当作历月和历年来划分时间，那么必将把完整的一日分属在前后两个月里，甚至前后两年里，这样我们肯定会觉得别扭，实际生活中也十分不方便。

因此，在历法中，一个历年、一个历月都应该包含整数的历日才行，也就是历年和历月都应该是历日的整数倍。于是这就必然导致历年、历月和历日与自然周期之间只能是近似相等。

其实想一想也很自然，是啊，太阳、月亮和地球在宇宙中的运行，受到多种因素的影响，每个周期运行的时间长度都不一样，大自然怎么可能都是按照整数倍来设计呢？那样的话，岂不是很无趣？所以，归根到底，我们平时历法中使用的年、月、日，也只能是对自然天体运动的近似描述。不过，这可难坏了天文学家们。年、月、日三者关系的协调，成为一代又一代制历者们孜孜以求的目标之一，永远是越来越接近完美，但永远也不可能真的完美，到今天仍然是这样。

综合以上因素，虽然最理想的历法，是历年的平均长度等于回归年，历月的平均长度等于朔望月，而实际上这些要求是根本无法同时达到的。在一定长的时间内，平均历年或平均历月都不可能与回归年或朔望月完全相等，总要有些零数。所以，人们只能退而求其次，世界上通行的历法没有哪一种称得上是最完美的。

总之，历法是一种人为的结果，它不是自然界本身的存在，而是一种对于人们的生产生活起到辅助作用的时间系统。那么一种理想的历法，在尽量反映天象的基础上，重要的应该是使用方便，容易记忆。

历法中的其他要素

除了协调年、月、日三者的长度关系外，历法还要考虑如何定下一年从哪里开始，即"岁首"的问题。这在古代也一直是一个大问题。

我们知道，古代帝王更迭，改朝换代，新政权要做的第一件事就是"改正朔"，就是要确定岁首或新年。所谓"正"，就是指把一年中的哪个月作为第一个月，即"正月"。所谓"朔"，就是指把一个月中的哪一天作为第一天，即初一，也称"朔日"。确定正与朔，也就是确定时间历法的标准，这是国之大事。

除此之外，人们常说，时间就像一条大河，从古至今，不停地向前流淌。要记录某个事件发生的时间，就必须弄清楚它在这个时间之河中相对位置在何处，这样才能记录历史、安排生活，这就是"纪历"的问题。在历法中，纪历可分为纪年、纪月、纪日。

还有一个问题，就是颁行的历法，需要一个时间上的总起点，例如，公元元年，就是公历的起点。这在历法上称为"纪元"。

到此为止，我们只是讲到了对于日月的观察和推算而已，有了这些就能制定一份日历。不过实际上，我国古代的历法所包含的内容远比我们在日历上所看到的内容丰富得多。

一本古代典型的历法书，常见的章节至少包含了七八个部分，关于日历制定的部分，只是第一章的主要内容。后面的几章则内容丰富得多。

例如"步发敛"是研究每一个节气所在的精确时刻以及五行八卦用事的规则；"步日躔"和"步月离"分别是单独研究太阳运动和月亮运动的规律的；"步晷漏"是研究用晷影和漏刻的尺度标准的，以及如何确定不同季节昼夜的长短。

如果你认为上面这几章都是对制定日历有参考价值的理论基础的话，那么后面的两章，却无论如何也跟日历没什么关系。

例如"步交食"是研究什么时候发生日食，什么时候发生月食的；"步五星"甚至涉及五大行星运动规律的计算。显然这和普通百姓的日常生活没什么关系。然而我们知道，古代帝王认为自己是天子，是奉天承命，于是这些天象对于他们自身和统治来说，都是十分重要的。因此，这些也是古代历法家们重点研究的内容。

历法的社会历史意义

制定历法的出发点，概括来说有两个：一个是要根据天象而制定，另一个是要配合人们社会生活的需要。前者是技术层面的问题，而后者则是社会层面的问题。这都是不可忽视的大问题。

古代天文家制定出来的新历法，不但一定要先符合统治者的要求，而且还要使用方便，利于在民间推广。历史上就曾出现过很多案例，制历者的想法和初衷都很好，技术层面也是当时最好和最精准的，但是由于历法本身太烦琐，不易记忆，不方便百姓使用，结果无法得到颁行，只能是一部失败的历法。

一句话，古今中外，历法都与天文密切相关。不仅如此，中国古代的天文学历史，几乎就是历法的变革历史。

传统天文的意义也体现在历法中。古人依靠观天象来制定历法，通过颁布历法，提供时间服务，从而达到顺时而施政的目的。

司马迁在《史记·历书》中说："王者易姓受命，必慎始初，改正朔，易服色，推本天元，顺承厥意。"新政权上台首先就要改正朔。按照古代制度，每年的年末天子都要在明堂颁朔（即发布新年的日历），天下诸侯都来受朔（即接受日历）。于是，后世帝王就将颁布历法作为皇权的象征。到今天中国人依然还有过年送日历的习惯，也是来自这个古代的传统。

　　总之，观天象，敬授人时，从而达到"天时地利人和"的最佳配合，这是中国古人追求的最高境界，也体现了"天人合一"这一传统文化的核心理念。

一张最简单的日历

　　既然日历是我们平时生活中最常遇到的跟历法有关的实物，我们就来看看一张最简单的日历中，有哪些历法上的基本概念。

　　这是某一天的日历，它含有最基本的要素（图1–1）。

图1–1　日历

　　先来看日历最上面的一部分：2022年9月23。这是日历中最主要的部分，是我们平时最常使用的日期的表达方式，是我国所施行的正式历法。这是一种在当今国际社会上广泛使用的历法，称为"公历"，也叫作"西历"，即主要西方国家使用的历法。

再来看日历的第二部分：星期五。我们知道，这是一种以七天为周期的短周期计时法，是现代人平时工作日和休息日的依据。星期也称为"周"。星期作为一种时间周期，最早起源于古巴比伦，后来随着由犹太宗教发展出来的基督教的传播，在欧洲广泛使用。

下面看第三部分：二〇二二年 八月廿八。一般这些数字是用汉字写的，以与用阿拉伯数字表示的日期相区别。这是中国特有的一种历法，叫作"农历"。

最后是第四部分：只有两个字"秋分"。这其实也是一种历法，并且是中国特有的历法，称为"二十四节气"历。

纵观这张日历，除了星期之外，共有三种历法，即公历、农历和二十四节气历。它们各自不同，都有自己的规律。其实，要说明这些概念，先要知道历法都有哪几种。

历法的种类

目前世界各国使用的历法，主要分为三大类：阳历、阴历和阴阳合历。

以上这三个名词，都是历法的分类，并不是某一种历法的名称。就像我们把猫狗这类生物称作"动物"，把树木花草称作"植物"，而把细菌等生物称作"微生物"一样，动物、植物和微生物都是生物界中大的分类，并不是某种生物的具体名称。

因此，可以把公历称作是一种阳历，但并不能说阳历就是公历，因为在阳历这一类历法中，不是只有公历。中国的二十四节气也是阳历的一种。

如前所述，既然历法是天文学的重要组成部分，历法的制定需要靠观测天象，那么这三种历法，就是依据不同的天文现象来划分的。

"阳历"，也称作"太阳历"，顾名思义，它是依靠观察太阳的运动规律来制定的历法。其余以此类推。

具体地说，阳历是以回归年长度为基础。阴历则是以朔望月长度为基础。而阴阳合历，是以朔望月来计月的长度，以回归年来计年的长度，把阳历和阴历的因素都考虑进来，二者兼顾，显然阴阳合历是最为复杂的历法，也是最反映客观天象的历法。

最后我们来看看从分类上，一张普通的日历上有几种历法。最上面的是公历，它属于阳历，而且是一种来自西方社会的阳历。中间的是农历，是一种阴阳合历。要强调一点的是，农历并不是很多人所说的阴历。而最下面的是二十四节气历，它也是一种阳历，并且是中国特有的阳历。

一日有多长

既然历法的分类依据是它反映的是太阳还是月亮的运动规律，下面我们就开始学习历法分类中的几个重要概念。

在历法中，日是最基本的时间单位。日是昼夜交替的周期，是太阳的升落造成的。在天文学上，把太阳连续两次经过同一地点的子午线的时间间隔，称为一个"真太阳日"。它是以太阳为参考点所度量的地球自转的周期长度。

"子午线"是指观察者所在地的连接正南和正北方向，并且经过头顶的一条假想的连线。面向南方看，子午线表明的就是正南的方向。因此，实际上"真太阳日"指的是太阳连续经过观察者所在地的正南方天空的时间间隔，也就是从某天的正午到第二天的正午之间的时间间隔。

可见，天文学的一日是从正午算起，到第二天的正午结束。这和我们平时所使用的时间系统稍有不同。我们平时都是把子夜十二点作为一天的开始，把第二天子夜十二点作为一天的结束。仔细考虑就会发现，其实这只是起始和结束的时刻定义的方法不同而已，并不影响一个真太阳日的长度。因此，日常使用的日和天文学上的太阳日是等价的，都是一个昼夜的长度度量罢了。

另外，在一年当中，并不是每一天的长度都相同。也就是真太阳日的长度在一年当中总是在变化，但是变化并不大，于是人们就取一年中每一个真太阳日的平均长度，来作为太阳日的标准，称为"平太阳日"。这里的"平"是平均的意思。

再次强调，太阳日这个时间长度，是历法上基本的时间长度单位，至于月和年的长度，都是在日的基础上度量的。

历法中的年与岁

"年"这个字最早见于甲骨文，它的本义是年成，也就是五谷成熟的意思。对于生活在北半球中纬度的中国古人来说，年反映的是四季轮回的周期长度，它是自然界中比较长的时间周期之一。实际上，古人早就明白，植物之所以有生长成熟的周期，源于太阳光照的变化，所引发的地面环境的改变。因此，说到底，年反映的是在地面上观察得到的太阳的长周期运动规律。

在地球上观察，天空中的太阳沿着固定的线路运动，这条路径称为"黄道"。太阳在黄道上每年运动一周。我们只要能够度量太阳沿着黄道运动一周的时间间隔，就能确定一年的长度了。那么到底应该怎样度量呢？

黄道在天空中是一个假想的大圆，它与天上的赤道这个大圆并不平行，二者有两个交点，一个叫作春分点，一个叫作秋分点（图1-2）。在一年中，只有在春分日或者秋分日，太阳才直射在地球的赤道上。从春分到秋分的这半年中，太阳直射在北半球，北半球经历夏季；而在从秋分到春分的这半年中，太阳直射在南半球，北半球经历冬季。

在现代天文学上，就把太阳连续两次通过黄道上的春分点的时间间隔，叫作一个"回归年"。这个回归年，就是历法上一年的时间长度。可见，在现代天文学上，一年开始于太阳经过春分点的时刻，结束于它下一次经过春分点的时刻。

在中国古代，则与西方稍有不同，我们的先人把太阳连续两次经过冬至点的时间间隔，称为一"岁"，它的长度同样也是一回归年。

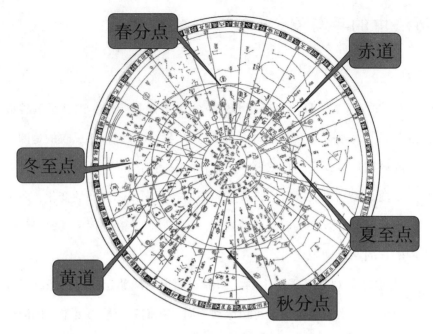

春分点　赤道　冬至点　夏至点　黄道　秋分点

图1-2　传统星图中的黄道和赤道

　　为什么中国古人会把冬至这一天作为一岁的起始呢？这与中国古代最早的天文观察方法"立杆测影"有关。

　　太阳格外刺眼，它的运动轨迹无法直视并且在天空中标示出来，然而，阳光照在物体上投下的影子却是可以观察的。高山、树木、房屋乃至人体，这些有形之物，白昼晴天的时候在阳光下都会有投影。古人在观察日影的时候发现，在一日中，太阳的影子长度是会变化的，早晚影子长，中午影子短，每天在正午的时候影子最短。

　　古人就把在一天内，日影最短的时候，太阳所处的方位定为正南方。我们知道，中国人的房屋最讲究朝向，古代重要的建筑物都会面朝向正南方而建，因为这样的话，房屋接收到的阳光最充足，那么靠太阳的影子来确定方向，就是十分有效和便捷了。这就是利用太阳影子确定方位的办法，古代称为"正方定位"，一直沿用了几千年。现代科学告诉我们，地磁与地理的正南北之间存在夹角，因此在实践中，要找到某地的正南北方向，单靠指南针是不行的，而观测太阳就是一个好办法。

立杆测影后来逐渐发展成为"圭表测影"。圭表也是我国古代典型的观天仪器（图1-3）。

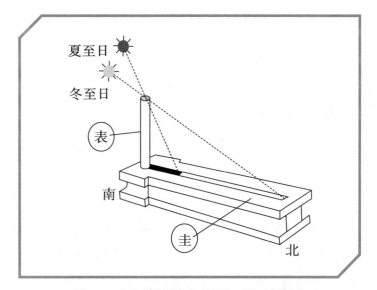

图1-3　圭表用来测定每日正午时的日影长度

古人发现，除了在一日之内，日影的长度会不断变化之外，在不同的季节，正午时刻的日影长短也不一样。

郑玄在注《周礼·春官·冯相氏》时说："冬至，日在牵牛，景丈三尺；夏至，日在东井，景尺五寸。"这说明在周代的时候，古人就用圭表测出了冬至和夏至的日影长度。冬至正午的时候，影子最长达到一丈三尺，夏至正午的时候，影子最短达到一尺五寸。我们知道，这是因为夏至的时候太阳直射地球的北回归线，高度最高，而冬至的时候太阳直射南回归线，高度最低的缘故。

这样看来，在一年中，只有在冬至这一天，正午的时候，太阳的影子最长。从观察者的角度来看，冬至这一天是一年中最容易确定的一天。因此，取冬至这一天作为一岁（回归年）的开始，是理所当然的。

既然可以通过观察日影来确定回归年的年长，而它只与太阳的运动有关。因此用回归年作为基础来定义一年的长度，这种历法就是一种阳历的历法。

月相与历法中的月

说完了历法中的日和年，我们再来看月。

月亮是天空中除了太阳之外最亮的天体，并且有圆缺的变化。古人除了观察太阳来确定历法外，自然也会利用月亮的运动和形状变化的周期来确定历法。这个变化的周期就是朔望月。

月亮不发光，它靠反射太阳光，才被我们看到。由于阳光照射它的角度不同，从地球上观察它，就会发现不同的部分被照亮，因而显现不同的月相。

当月亮与太阳同升同落，由于它淹没在太阳的光辉中，我们是看不到月亮的，这种看不到月亮的月相就称为"朔月"。

此后，月亮将逐渐离开太阳，当月亮运动到与太阳的相对位置最远，也就是当太阳落入西方地平线的时候，月亮刚好从东方地平线上升起，此时它被照亮的这个半球，全部呈现在我们地球观察者的眼前，我们看到的就是一轮满月，这种满月的月相，古人称为"望月"。

月相盈亏的平均周期就是一个朔望月的长度。从观察者来看，从一次朔月到下一次朔月的时间间隔，就是一个朔望月的周期，当然，也可以把从一次望月到下一次望月的时间间隔作为一个朔望月的周期，二者是相同的。

通过观察，人们发现朔望月长度大月是29.53日，它是在29日到30日之间。由于一日是历法上的最小单位，不能把一天分到两个月中，因此在历法上，历月的长度取两种整数，要么一个月是29日，这就是小月，要么是30日，这就是大月。在一年中，把大小月相间安排，就能使若干个月的平均长度与朔望月的实际长度尽量接近。

在一个朔望月周期中，到底取哪一天作为一个月的第一天呢？这的确是一个大问题。在中国传统历法中，一般习惯上取朔月的那一天为初一，这样来看，月圆的望日这一天一般就是在每个月的月中，也就是十五前后。

关于每月初一的定义，我国古代并不是一直都是这样的。在周代之前，历史上也曾有过把一个朔望月的周期中，能第一次看到一弯新月出现的那一天作为一个月的开始。古人把新月刚出现的这一天称为"朏（fěi）"，也就是说，在上古时期曾把朏月出现的那一天作为初一。到了后来随着人们观测水平的提高，才把朔月的那一天作为初一。

为什么这么说呢？原来，朏月的这一天是刚能看到新月的第一天，在实际观察中是比较容易确定的，而朔月这一天恰恰是看不到月亮的，如果对月亮的运动规律不是十分掌握，那么如何来确定朔月这一天到底是哪一天呢？显然用朔月来确定初一的难度比朏月的要大，是要在天文观测技术进步以后才能实现的。从这个角度来说，我国古代历法以朔月作为初一，体现出古人对月亮运动规律的了解已经相当成熟和完善了。

在历法分类上，单单以朔望月的周期来决定一个月的长度的历法，就叫作"阴历"。

我国的农历，其实并非是阴历。农历一个月的长度虽然是靠朔望月的周期来确定，但是农历的一年的年长，却是参考了回归年的长度，也就是兼顾了太阳运动的规律，因此从本质上说我国的农历是一个阴阳合历，而并不是阴历。

下　时间体系：日与时的规则

统一的时间体系

我们知道，从天文的角度看，"日"是基本的时间单位，我们用它来定义其他的单位。例如，把一日平分24份，每一份长度就是1小时，再平分60份，每一份就是1分钟，等等。因此，日的长度是最基本的。

如前所述，在天文学上，一"日"的长度是太阳连续两次通过某地子午线的时间间隔的平均值。那么请问，在地球上不同的地方，每天太阳经过子午线的时刻是否相同呢？常识告诉我们，当太阳经过中国大陆某个城市的天空子午线的时候，对于美洲大陆某地的人来说，那里应该还是夜晚，太阳还没升出地平线。

这是因为地球是个球形，由于它在自转，太阳会一刻不停地依次经过地球上不同地方的子午线。天上的子午线，对应在地球上，就是经度线。这也就是说，对地球上不同经度位置上的人来说，太阳经过各地子午线的时刻，就不是相同的。例如，日本在中国的东边，太阳经过它的头顶的子午线的时间，就比中国要早一点。

因此，每个观测者都有自己与他人不同的时间。以观测者的子午线为基准的时间，称为"地方时"。地方时是观测者所在地方的子午线的时间。在同一瞬间，地球上位于不同经度的观测者测得的地方时是不同的。

古代交通不便，人们在一天之内能移动的范围十分有限，再加上计时的设备精度也不高，因此，人们并不在意不同地方的地方时有差别。但是，随着火车、汽车交通工具的出现，再加上电报等通信工具的使用，人们发现，由于不同地方的人都在奉行各自的地方时间，协作起来就困难丛生。例如，在欧洲到了19世纪出现了火车，不同的国家使用不同的时间，那么连接不同国家不同城市的火车，究竟应该采用什么时刻表呢？1850年，第一条海底电缆横越英吉利海峡，电报把英国及欧洲大陆连接起来。这使得远距离的两个城市的人们，第一次实现了实时的通信。但是由于时间的不同步，很快交流就产生了麻烦。大家需要一个统一的时间体系。

19世纪，航海事业蓬勃发展，在它的推动下，许多国家相继建立天文台，进行专门的天文观测来测定时间。显然，他们直接观测得到的都是各自的地方时。19世纪中叶，欧美一些国家开始采用一种全国统一的时间，人们把这种时间称为"标准时"。这种时间多以本国首都或重要商埠所在子午线为标准，用这里的地方时作为全国的统一时间，例如，英国采用格林尼治时间、法国采用巴黎时间、美国采用华盛顿时间。

这种标准时在一国之内通用，尚无不便。当然，这对于国土面积不大的国家来说问题不大，但对于那些东西方向横亘上千公里的国家来说，却引起较大的困惑。而且这种方法，并没有使得不同国家之间的交往变得方便。随着长途铁路运输和远洋航海事业的日益发达，国际交往频繁，各国各自采用的未经协调的地方时，给人们带来了很多困难。

为了协调各地时间的计量，同时也为确定全球的地理经度，大家觉得应该在全球推行一种方法，来协调不同地方的地方时之间的关系。19世纪70年代后期，加拿大铁路工程师弗莱明建议，在全世界按统一标准划分时区，实行分区计时。这个建议首先在美国和加拿大被采纳试行，后被多数国家所采用。

1884年在华盛顿举行了国际子午线会议，大会决定，采用英国伦敦格林尼治天文台的旧址埃里中星仪所在的子午线或者地理经线，作为时间和经度计量的标准参考子午线，也就是所有地理经线或者子午线的起点，称为"本初子午线"，又称零子午线。

具体的计量规则是什么呢？从经过格林尼治天文台的本初子午线开始，分别向东和向西计量地理经度，数值都是从0°到180°，并以此为标准进行全球时区的划分。

在格林尼治子午线上实际观测得到的时间，称为"格林尼治地方时间"。全世界都采用格林尼治地方时，作为大家统一的参考时间。天文和航海部门最先采用格林尼治地方时的一日，来作为时间标准。

但是这里有一个小问题。我们前面说过，在天文学上，过去一直是把太阳经过天空子午线的时刻，作为一个太阳日的开始，当然，这样的选择对于天文和航海部门来说是适宜的，但对于一般人来说，大家早已习惯把子夜作为一日的开始。为此，国际天文学联合会1922年提议，自1925年1月1日起，各国的天文和航海年历采用由子夜起算的格林尼治太阳时，它与以前由正午起算的时间相差12小时。国际天文学联合会于1928年决定，将由格林尼治子夜起算的平太阳时称为"世界时"，这就是通常所说的"格林尼治时间"。

到此，全世界就有了一个统一的时间——世界时，也就是格林尼治时间。我们在讨论一个事件的时候，就可以采用一个大家都认可的时间，例如，2021年12月4日发生在南极洲的日全食，日食发生的时间是世界时07:34左右。这样的时间，显然就方便各国的人使用了。

全球的时区划分

　　那么在全球各个不同地方的人，应该怎样把世界时换算到自己所在地的时间呢？由于有了世界时区的划分，这个问题就变得容易了。

　　世界时区的划分是按照经度方向展开的，从空间上看，经度差15°的两地，在时间上差1小时。于是人们把经度相隔15°的范围，划分到同一时区。时区以经过格林尼治的本初子午线为起点。从这里开始，向西到西经7.5°，向东到东经7.5°，这个范围内的经度间隔为15°，这个经度范围称为"零时区"；从零时区的边界分别向东和向西，每隔经度15°划一个时区，向东依次是东一区、东二区，等等，而向西依次是西一区、西二区，等等。

　　这样向东、向西各划出12个时区，实际上，东十二时区与西十二时区是重合的。算上零时区，这样全球就共划分成24个时区，对应一天内的24小时。

　　在各时区内采用统一时间，叫作"区时"，准确地说，每个时区的区时，是这个15°范围的中央经线的地方时。例如，在东一区的范围是东经7.5°到东经22.5°，它的中央经线就是东经15°，因此东一区的区时就是东经15°的地方时。

　　由于全球正好分为24个时区，因此相邻两时区的区时正好相差1小时。例如，东一区的区时，就与零时区相差1小时，这就意味着，当零时区的范围内是上午8:00的时候，东一区内的区时就是上午9:00。同理，此时的西一区的区时就是上午7:00。

　　尽管各个时区的界线原则上应该按照地理经线来划分，就像图1-4

中所示的那样。但在具体实施中，为了便于使用，往往根据各国的政区界线或自然界线来确定时区的划分界限。在基本遵循经度纵向划分的基础上，普遍考虑了国家的界限等因素。

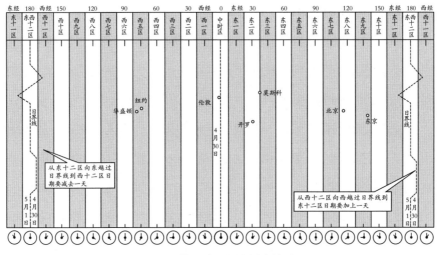

图1-4　按照地理经线划分的时区

区时与地方时

北京，作为中国的首都，它的地理经度是东经116°21′，也就是说北京位于东八区之内，应该采用东八区的区时。而前面我们已经讲过，每个时区内，都统一按照这个时区的中央经线的地方时作为本时区的区时，而东八区的中央经线是东经120°，因此，中华人民共和国成立以后，全国统一采用首都北京所在的东八区的区时作为标准时间，这就是"北京时间"，也就是说，北京时间实际上是东八区的区时。

由于北京市的地理经度为东经116°21′，它并不在东经120°，可见北京时间并不是北京市的地方时。具体来说，北京时间与北京市的地方时相差约14.5分钟，将近一刻钟。例如，当北京时间到中午12点的时候，北京市本地的地方时才到11:45，还差一刻钟才到12点。

那么东经120°这根作为东八区的中央经线，到底经过哪些大城市呢？从地图上可以看到，杭州市正好在这条线上。换句话说，北京时间，实际上是杭州的地方时。

此外，中国幅员辽阔，从西到东横跨东五、东六、东七、东八和东九5个时区。例如，新疆西部的地方时间就和北京时间相差4小时。不过按照新中国法律规定，全国统一采用东八区的区时，也就是北京时间。

北京时间比格林尼治时间，也就是世界时早8小时，即北京时间=世界时+8小时。例如，当伦敦是上午8点的时候，北京时间是16点，也就是下午4点。

美国也是一个东西方向幅员辽阔的国家，加上夏威夷，从东向西横跨6个时区：从西五区到西十区。与中国不同，美国全国采用不同的区时，从东向西分别为东部时间、中部时间、山地时间、太平洋时间、阿拉斯加时间和夏威夷时间，各相差1小时。首都华盛顿位于西五区，采用的是东部时间。

目前，全世界多数国家都采用以某时区的区时为标准时，与格林尼治时间保持相差整小时数。但是，有些国家仍然采用其首都的地方时为本国的统一时间。这样，这些国家的统一时间与格林尼治时间的差数就不是整小时数，例如，圭亚那、利比里亚等。还有些国家按照自己的需要，所用的统一时间与格林尼治时间相差整半小时数，例如，印度、乌拉圭等。

在第一次世界大战期间，有些国家为了节约燃料，用法律形式规定，将其疆域内的统一时间在夏季提前1小时或半小时，到了冬季，又恢复到原来的统一时间。这种在夏季采用的特殊时间称为"法定时"或"夏令时"。这种办法后来一直被某些国家和地区沿用下来，例如，英国、美国的一些州。夏令时多为中纬度地带的国家所采用，对于低纬度和高纬度地区并不适宜。

由于地球一刻不停地自西向东自转，子夜、黎明、中午和黄昏，由东向西依次周而复始地在世界各地循环出现。地球上新的一天从哪里开始，到哪里结束呢？

国际上规定在太平洋中靠近180°经线的附近，划了一条"国际日期变更线"，简称"日界线"（图1-5），地球上每个新日期就从这里开始。

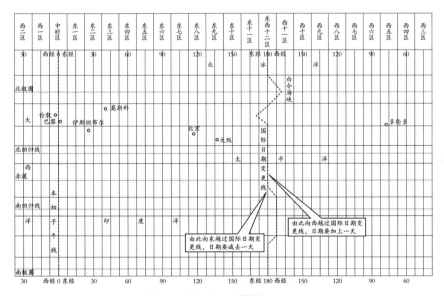

图1-5　日界线

此线两侧的日期不同。由东向西过日界线，日期要增加一天（即略去一天不算），由西向东过日界线，日期要减少一天（即日期重复一次）。从图中可以看到，日界线不是一条直线，而是一条折线，这是为了避免在日界线附近的国家或行政区，被分割而被迫使用两个日期，以造成不便。

用时间来确定经度

虽然地球上的经度或者说子午线是人们假想出来的，但是却十分重要。自从人类进入航海的时代，离开大陆上的参照物，四周全是一望无际的大海，如何来确定自己位置的经度和纬度，明确航向和目的地呢？这是一个重要的问题。对于在南北方向上的行进，用日月星辰来导航是可行的，但一旦进行东西方向的航行，这种方法就失去了意义。换句话说，你仅凭借天体的位置，可以确知自己的地理纬度，但是却无法知道自己所在位置的经度。经度问题成为18世纪西方世界最棘手的科学难题。

在将近两百年的时间里，人们费尽心机，希望找到一种解决方案。当时，整个欧洲的科学界——从伽利略到牛顿——都试图通过绘制天体图，从天空中找到解决方案。从那时开始，在巴黎与伦敦格林尼治兴建了不少天文台，试图通过月亮和星星的位置来指引于大海中航行的船只。在欧洲早年的天文台，很多业务都是为航海服务的，他们和海军的合作相当密切，甚至各国的海军都有自己专门的天文台，对天体进行精密观测，定期发布航海天文历。

然而这些方法对于在颠簸的船上的人来说并不实用，受到条件限制，观测误差较大，无法确定所在的准确经度。离开陆地的远洋航行成为一种名副其实的冒险行动。1714年英国国会通过"经线法案"，声称只要任何人能发明出安全而简单的方式，让船员在大海中辨别船只的经度，就能获得2万英镑的奖金。这在当时可称得上巨额奖金啦。

实际上人们早就发现，对经度问题的解决，关键在于对时间的掌握。有了前面学习太阳时的概念作为基础，理解这个问题就变得容易多了，只需三步即可。

第一步，航海者只要随时观测太阳在天空中的方位角和地平高度，就可以很方便地换算出他本人所在位置的地方时。第二步，这时候，他只要有一个精密的计时仪器，就像今天的手表那样，能够知道此时的世界时，也就是格林尼治时间的准确时刻。第三步，算出自己的地方时和格林尼治时间的差，有了这个时间的差，就能够得到自己的位置与格林尼治本初子午线的经度差。因为1小时的时间差，在方向上就相当于15°经度差。而既然格林尼治的经度是0°起点，那这个经度差，就是他所在地的经度。

因此，这样看来一切问题回归为一个技术的问题，如何制造一种能在颠簸的海上使用的精确计时的钟表呢？

英国的木匠和钟表匠约翰·哈里森，花费了40年，几乎用去毕生精力，设计制作了几代航海精密计时器，其中称为H4的航海计时器，在横跨大西洋的过程中，误差只有5秒，相当于1海里的距离误差，最终为他赢得了荣誉和奖金。他开创了一个新的时代，从此，人类摆脱了过去那种体积巨大笨重的钟摆，拥有了能够随身携带的钟表。这段故事在一本名叫《经度》的书中都有介绍。这本书的作者是美国久负盛名的畅销书作家和科普作家达娃·索贝尔，这是她的成名代表作，一度风靡全球。

第一个登上月球的宇航员尼尔·阿姆斯特朗为这本书撰写了序言。

地方时与太阳时的偏差

通过上面的介绍，我们知道每个观察者的时间与他在地球上的经度有关系。学习了这些概念，大家明白了，你手表给出的北京时间，和你自己所处城市的地方时，其实是有差别的。

理论归理论，实践出真知，我们不妨在每天中午12点的时候，观察一下太阳，你是否注意到它真的位于你天空的子午线上呢？答案显然是，只要不在东经120°经线上的人，中午12点的时候，太阳都不会正好在正南方，因为存在地方时和北京时间的时差。

不过，问题并没有完，请问，即便是站在东经120°经线上，每天中午12点的时候，太阳就都正好位于子午线上吗？这个深层次的问题就是，来源于太阳时的手表时间，真的能如实反映太阳在天空中的运动位置吗？

实际上，在一年当中，太阳在天空中的运动时快时慢，如果真的用太阳来计时，那钟表也必然要时快时慢才能跟上它的步伐。然而，我们都知道钟表计时最讲究的是均匀等速，于是，这就会出现钟表时间和太阳指示的时间的差。

每天的长度不同

我们深入思考一下这个问题，通过学习天文，我们首先知道每天在地球上看到的日升日落，是因为地球在自转的缘故，可见，只要地球自转是均匀的，那么每一天日升日落应该都是一样的才对。这个推理没问题。但实际情况是，地球的自转速度的确不是均匀的，这会导致每天太阳在天空中运动的速度有快有慢。不过地球自转速度的变化，实在是太微小了，很难察觉到，因此这个不均匀性完全可以忽略。

然而，地球除了自转之外，还有围绕太阳的公转，这个公转的轨道不是一个圆，而是一个椭圆，地球公转的速度就会时时不同，当位于椭圆上近日点的地方，地球公转的速度最快，当位于椭圆上远日点的地方，公转的速度最慢。在400年前，开普勒就已经发现了这个运动规律，提出了开普勒行星运动定律。

这就是说，地球在围绕太阳公转的时候，运动的速度时时刻刻都在发生着变化，这反映在我们从地球上观察太阳，会发现它在黄道上运动的速度也在时时发生变化。这个变化还意味着另外一个现象，那就是每一天的长度并不相同。

既然太阳连续两次通过某地子午线的时间间隔，叫作一个太阳日，那么，由于太阳在天空中每天运动的速度有快有慢，这就使得太阳连续两次通过子午线的时间间隔，每天都不一样长。

举个例子，昨天中午12点的时候，你观察到太阳位于你的天空子午线，那么从那时起到今天，假如它在黄道上向东运动比之前慢了一点，假如地球的自转速度几乎不变，这就会使得，太阳在今天中午12点之前，提前经过你的子午线，于是，这一天的时间长度就变短了。

同理，假如从昨天到今天，太阳沿着黄道的运动稍微快了一些，那么将会导致今天中午12点的时候，它还没来得及升到子午线上呢，也就是说今天太阳迟到了。于是这一天的时间长度就变长了。

相信只要坚持每天认真观察，你就会发现这个有趣的现象。更有甚者，你还会发现，在一年中，太阳几乎没有几天是准时的，它不是提前，就是迟到，每天偏差的时间都不一样，最多能差到一刻钟。

真太阳时与平太阳时

那么问题来了，为什么会出现这个现象呢？

原来，我们平时使用的时间，是手表等计时设备给出的时间，我们希望它们越均匀等速越好，换句话说，谁也不希望自己的钟表今天快、明天慢。而实际上，太阳在天空中的运动是时快时慢的。这就导致手表显示的时间与真实的太阳指示的时间，二者之间存在差值，这就是"时差"。

太阳日的定义是太阳连续两次通过子午线的时间间隔，反映的是太阳的真实运动，因此称为真太阳日。由于它每天都在变化，在日常生活中，应用不方便，因此，我们引入了一个平均的概念，把一年中每一个真太阳日的长度取一个平均值，这就得到了"平太阳日"。

建立在平太阳日体系上的时间系统，称为"平太阳时"。我们的手表、手机等计时设备上采用的时间，都是平太阳时。平太阳时是均匀等速的。可见，手表上的时间，反映的并不是太阳每天的真实运动，而是太阳的平均运动。这就是平太阳时的含义。

太阳走出的"8"字

真太阳时和平太阳时，存在一个差，这就是时差。在一年中这个时差的大小和正负的变化存在着固定的规律，在一年中时差的大小变化形成一条曲线，叫作"均时差曲线"（图1-6）。

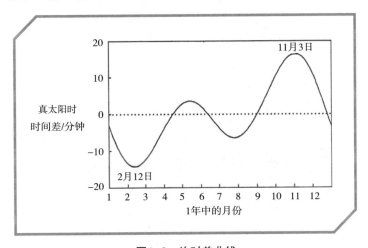

图1-6　均时差曲线

从图中能够看到，每年在11月3日前后，真太阳时比平太阳时快16分半，而在2月12日前后，真太阳时又会比平太阳时慢14分多。每年在4月15日、6月13日、9月1日和12月25日，这四个时间点，均时差为零。一年中只有在这四天，真太阳时等于平太阳时，也就是说，只有在这四天，在东经120°经线上的同学，在中午12点的时候，才会发现太阳正好位于正南方。

假如我们每天坚持观察太阳，一年下来就会发现时差导致太阳在天空中的位置呈现一个阿拉伯数字的"8"字。这就是所谓的"日行迹"（图1-7）。具体方法如下：我们每天都用手表指示的某一个固定的时间，例如，在正午12点的时候，拍摄一张太阳在天空中位置的照片，最好配上地景，更漂亮。只要每天坚持拍摄，就会发现每天正午12点时真实的太阳在天空中的位置都不一样，一年下来，正好在天空中画出一个"8"字形。这个"8"字的最高点出现在夏至日，最低点出现在冬至日，而且"8"字的上下两个半圆的大小和形状并不对称。这个现象蕴含了很丰富的天文学内涵，也很有意思。建议大家实际拍摄一下。

图1-7 "日行迹"

另外，拍摄的时间，不一定非要在每天的正午12点不可，实际上几点都行，只要在那个时间的前后能拍摄到太阳就行。关键的一点在于，一定要在每天相同的时刻拍摄，例如都是在早上8点半或者都是在下午3点，等等。

真实的生辰时间

传统文化比较重视一个人的出生时间，认为这与人的命运有某种神秘的关系。那么具体应该怎样推算一个人的出生时间呢？

如果我们利用现代的计时工具，例如，手表或者手机显示的时间，而采用传统的推算方法，显然是不合适的。因为，在漫长的古代社会中，人们一直都是通过直接观察太阳的位置来确定时间的，这也就是说，古人采用的时间实际上一直都是真太阳时，而且还是地方时。古人根本就没有平太阳时这些概念。平太阳时是人们有了较为精准的计时工具，也就是钟表之后，才采用的一种人为的时间尺度，这不过是近现代社会最近两三百年以来的事情。换句话说，根据古人的方法排出来的生辰时间，和你用现代设备指示出来的不一样。

具体来看，在古代，关于生辰时间，人们采用的是地方时，也就是某人出生地的当地时间，那时候没有什么北京时间，不存在时区和区时的概念。可见，假如坚持采用传统的方法来确定生辰时间，就要采用古人的计时方法。

对于孩子出生的时刻，要把它从手表指示的北京时间，换算成出生地所在经度的地方时。

例如，一个孩子的出生时间是公历某一年的2月11日，北京时间的中午11:20，出生地在乌鲁木齐。假如采用现代的计时方式，他出生的时刻是北京时间11:20，那么用子丑寅卯的十二地支来表示，孩子出生的时辰就是中午的午时。

如前所述，地方时和北京时间有差别，乌鲁木齐和东经120°的时间差2小时14分，因此，孩子出生地的地方时，应该是上午9:06，显然孩子出生的时辰就不是午时，而是巳时。

我们知道，手表显示的是平太阳时，而古人采用的是真太阳时，二者并不相等，所以还要进行平太阳时和真太阳时的换算。我们可以去查那个均时差的表，或者从均时差曲线上直接看，在孩子出生的这一天，真太阳时和平太阳时的差值，把它按照大小和正负，加到刚才算出来的那个地方时上去，就能得到孩子出生的真正的时刻了。

例如，还是刚才那个例子，孩子出生在2月11日，查均时差表知道，2月11日这一天，均时差是负的14分钟，也就是说要在地方时9:06的基础上，减掉14分钟，这就得到了上午8:52。

8:52就是孩子出生的地方真太阳时，按照十二时辰来看，就既不是午时，也不是巳时，而是再提前1个时辰，是辰时了。你看，这个孩子的出生时间，和我们简单地采用北京时间得到的结果差别巨大。

可见，假如我们对于时间这个常用的概念，不掌握它真正含义的话，就连给孩子确定生辰时间都会出错。这也说明天文是一切学问的母学，我们日用而不知的很多概念都出自天文。

从太阳到原子

前面介绍的时间系统，基于的是世界时，也就是以格林尼治地方时间为起点的平太阳时。这是从观察太阳的运动得到的，是天文学角度上对时间的定义。不过假如细究的话，我们平时使用的手表或者手机的时间，其实还不完全是世界时。为什么这样呢？

原来，由于世界时是源自天文观测，而日、地、月在宇宙中的运行，受到各种因素的影响，存在着长期和短期的各种变化，使得世界时并不稳定。人们当然希望自己使用的时间是一个稳定的系统。那怎么办呢？

自从人类发明了钟表以来，就希望用这个设备来代替实际的天文观测，从这个角度来看，钟表实际上就是古代漏壶的延续，都属于守时的工具。不过，早年的钟表走时并不稳定，误差都比较大，还需要经常通过天文观测来校正它们。即便是到了20世纪30年代，人们发明了石英钟，由于受到温度的影响，它的守时精度仍然不够高。直到50年代，人类发明了原子钟，情况才出现变化。

我们知道，原子有内部的原子核和外部的电子组成。这些围绕在原子核周围运动的电子处于不同的能量层上，相邻的层之间有能量差，当原子与外部的电磁场相互作用时，电子就会从一个能量层跃迁至其他的能量层，释放或者吸收电磁波。人们发现，对于每种原子来说，这种跃迁产生的电磁波的频率是固定且相当稳定的，可以用它作为计时的节拍器。在这个原理基础上，人们就发明了原子钟。1967年，世界计量大会宣布，把铯133原子跃迁振动9192631770次的时间长度，定义为1秒的标准长度。从此，秒成为国际单位制中的时间基本单位。

在原子秒长的标准基础上，扩展出分钟、小时、日、月、年，这样一套自下而上形成的时间系统，叫作"原子时"。采用原子时的优势是，它很容易测定，不需要长时间的天文观测来校正，其稳定性和准确度也都很高。例如，铯原子钟经过3000万年误差只有1秒。

从1967年开始，人们决定抛弃几千年来形成的通过天文观测从宏观角度定义的时间系统，转而采用从微观的角度，用原子的振动来定义的时间系统。可以说原子时的出现，是一次时间系统的革命。

自从推出原子时之后，得到了电子行业和通信行业的支持，然而，历来采用宏观的世界时的航海和天文界却对此嗤之以鼻，不愿意采用。他们认为这套时间系统尽管精度很高，但与地球的自转、昼夜的变化完全无关，它无法反映天象，显得太人为化。

有天文学家通过计算指出，由于原子时与地球自转没有直接联系，而地球自转速度存在长期变慢的趋势，因此原子时与世界时的差异将逐渐变大，平均每5000年就会相差1小时。这个差别看似不算大，但是只要经过3万年，二者就相差6小时。这就会引发尴尬的局面。例如，到那个时候，如果按照原子时，时间是中午12点，但是去外面实际观察会发现太阳此时刚刚升起在东方地平线，也就是世界时的早上6点。难道到了那时，非要把早上叫作中午吗？你说可笑不可笑？

协调世界时与时间服务

由于存在这样的争议，于是1972年，人们决定把基于天文的世界时和基于微观的原子时，统一起来考虑，这就出现了所谓的"协调世界时"。

具体的办法是，用原子时来作为每一秒秒长的时间标准，但在每天的时刻上，采用来自世界时的平太阳时。这样既稳定了时间的基本单位秒，也综合考虑到了实际的天象规律，显然是比较科学和实用的。这就是协调世界时，英文简称UTC。

我们现今日常使用的正是这套时间系统，也就是说手表、手机、互联网等计时工具，采用的既不是世界时，也不是原子时，而是二者协调之后产生的协调世界时UTC。

在全球的各主要国家和地区，建有各自的守时实验室，他们各自都有精密的原子钟来计时。大家按照约定，在统一的时间，把这些不同原子钟的时间进行比对，再通过计算和校正，得到一个大家都认同的时间标准，通过国际计量机构统一向全世界发布。

我国采用的北京时间，就是通过这样的一系列步骤得到的东八区的协调世界时。在我国负责发布北京时间的权威机构是国家授时中心，它位于陕西西安，前身是陕西天文台。为什么要建在西安呢？这是因为，北京时间要用无线电波向全国各地发布，而从地理位置上看，西安市正好位于我国整个疆域的最中心，从这里发送的无线电波，能够很好地覆盖全国各地。

以上就是一整套国际和国内的时间服务系统。我们每天就是借助这个系统得到的时间。

总结一下，我们平时采用的北京时间，是一种协调世界时。它的原理是，先基于天文观测得到平太阳时，再通过与世界各地守时机构的原子钟的原子时相协调之后，在全世界进行统一，得到格林尼治协调世界时，再通过设在我国西安的国家授时中心，换算成东八区的时间，向全国发布，这才来到我们的身边。

你看，北京时间，它不但不是北京市的当地时间，也不是在北京发布的。

第二章
与太阳有关的历法

　　我们平时使用最多的历法是公历，它源自西方国家，是一种阳历，完全靠太阳的运动规律来制定。公历的2月为什么比别的月短？公历的置闰规则是什么？为什么古代将二十四节气称为"二十四气"？"时"与"节"、"气"与"候"，这些名词分别有什么不同的含义？

▶▶

第二章
与太阳有关的历法

阳历/太阳历

| 公历 | 也叫西历，是平时最常使用的日期表达方式 | 二十四节气历 | 人类非遗，中国特有的阳历历法 |

公历的纪元

纪元：一个历法的起始时间
公元（公历的元年）：公历纪年的起始时间

公历纪年也称为基督纪年
宗教认为，公历的元年是耶稣诞生的年份

中华人民共和国的历法：西历和公元纪年法
1949年9月全国政协第一届全体会议协商决定

例 2021年：全称公元2021年
以公历的元年作为第一年，今年是第2021年

公历的早期历史

现行公历：格里高利历
↑
凯撒大帝时期：儒略历
↑
古罗马历法
↑
古巴比伦历法+古埃及历法的遗存

为纪念凯撒和屋大维，7月、8月分别用二人名字命名，为表示公平，把8月设为大月，从2月中减去一天

定节气的方法

◆ 平气法：时间尺度上的等分法，把太阳运动一周的时间等分为二十四份

◆ 定气法：空间尺度上的等分法，把黄道长度等分为二十四份，太阳走到等分点，即为一个节气

| 不同算法 24气不同 | 清朝以前，传统中一直采用的是平气法 |
| | 清朝顺治时期，正式在历法中采用定气法 |

中国阳历——二十四节气

春雨惊春清谷天，夏满芒夏暑相连。
秋处露秋寒霜降，冬雪雪冬小大寒。
每月两节不变更，最多相差一两天。
上半年来六廿一，下半年来八廿三。

◇ 二十四节气为什么是阳历？
完全由太阳的视运动决定，古人记录每天正午影子长度，确定影子最短为夏至日，最长为冬至日，并进一步确定一年的年长

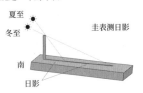

主表测日影

◇ 阴阳分四时 ◇

二至：夏至、冬至 ⎫ 将一岁分为四时
二分：春分、秋分 ⎭ 春夏秋冬

二至二分不是分界线，是四个时间段的中点
古代称为四仲：仲春、仲夏、仲秋、仲冬

◇ 从四时到八节 ◇

把二至二分再平分为四个时间点
启 立春、立夏　闭 立秋、立冬
八节：二至、二分、二启、二闭

◇ 气与候 ◇

24气：把八节的每一节等分为三段
一时有三月、六节 ➡ 每月两个节气
一气三分，即为候，一岁有72候

◇ 岁时气候，都是阳历的时间概念，与月亮无关
◇ 节气指的并不是一个时间段，而是一个时间点

日用而不知的公历

在平时常见的日历中，最主要的那部分就是公历，又称为西历，因为它是来自西方国家的历法。

从分类上看，公历属于阳历。它是依靠观察太阳的运动规律来制定的历法，它和月亮没有关系，所以说，单从公历的日期上，我们是无法知道某一天的月相到底是什么样子的。回归年的长度是公历最基本的依据。目前天文学上观测到的回归年长大约是365.2422日，这是公历的天文学依据。

公历规定的历法年的长度，大多数情况下都是365日。一年分为12个月，其中1、3、5、7、8、10、12月是大月，每月有31天；4、6、9、11月是小月，每月有30天。最特殊的是2月，一般只有28天，而有的年份有29天，这种情况就是公历中出现的闰年。

有的读者可能认为公历的置闰规则，就是每四年把2月多加一天，从28天变成29天，那一年全年的长度是366天。这其实并不准确。

我们先来想想为什么要置闰？这是因为人们希望公历的历法平均年长，尽量与回归年年长相近。不妨算一算，假如公历的置闰规则，只是每四年多加一天，那么公历的平均历法年长是多少天呢？很容易算出来，就是365.25日。而天文学上的回归年长是365.2422日，二者不但不相同，差别还挺大。假如公历按照这个规则来置闰的话，日积月累，只需130年的时间，历法就与实际天象差了一天。

那么公历到底是怎么置闰的呢？谈到置闰，需要澄清一个概念：不同的历法都有置闰，但是其实各个历法所谓的置闰各不相同，有的是多加一天，称为"闰日"，有的是多加一个月，称为"闰月"。严格地说，公历的置闰实际上是闰日制度，也就是在闰年的年份多加一日。

现行的公历规定，在每400年中有97个闰年。在闰年在2月末加1天，2月变成29日，全年是366天。那么到底哪一年要设置成闰年呢？具体的规定有三条：

一是公元的年份数字能够用4整除的是闰年，如1960年、2020年等。

二是在上述的年中，假如年份数字能够用100整除的，就不是闰年，而是平年，如1800年、1900年等。

三是在上述的年中，假如年份数字能够用100整除，也能用400整除的，还要设置成闰年，如2000年、2400年等。

可见，公历的置闰规则其实是很简单的。正因为它精准并且简单，所以得到了世界上大多数国家的使用。

为什么说公历精准呢？我们可以计算一下，经过这样的置闰规则，公历的历法年平均长度是365.2425日，比较接近365.2422这个实际的回归年长度。大约3320年相差一天，精度大大提高。

公历的纪元

关于历法的知识，通过网上查询得到的答案并不都是准确的。例如，有的网站解释说"阳历就是公历"，显然这是概念错误。

再如，有的说"公历就是公元"，而这是混淆了两个不同的概念——公历和公元不是一个类型的概念。公历是历法的一种，而公元是公历纪年的起始年份，不是历法。

纪历的方法包括纪年法、纪月法和纪日法，这些纪历的方法，简单地说就是对顺序数字的另外一种称呼而已，并不是历法。在中国古代，就有很多纪年的方法，大家熟悉的十二属相，就是民间常用的一种。再有就是官方常用的，例如，帝王纪年法康熙元年、乾隆九年等，还有就是天干地支，也是纪历的方法之一。

无论中外，一个历法除了规定年月日各种长度、如何置闰等之外，还要告诉大家，这个历法是从哪一年、哪一天开始的，这就是纪元。"元"就是起始的意思。

公历的纪年方式是以数字表达的，按照大小排序，起点就是公元元年。例如，2021年，全称是公元2021年，它的历法含义就是："按照公历历法，以公历的元年作为第一年，今年是第2021年。"

公历的元年，就称为"公元"。按照宗教的传说，认为公元的元年是耶稣诞生的年份。因此，公历纪年也称为基督纪年。可见，从纪元能够看出，这套历法是源自西方，并且与宗教有关系。

既然这是西方国家的历法，那么中国是什么时候开始使用的呢？中华人民共和国的历法采用西历和公元纪年法，是1949年9月全国政协第一届全体会议协商决定的。但这并不是公历最早进入中国的时候。1911年辛亥革命爆发，次年也就是1912年，当时的中华民国政府就决定废弃中国传统的历法，采用西历作为国历，不过在纪年方面，采用公元纪年法与民国纪年法并行。

公历的早期历史

时至今日，关于公历，我们虽然天天使用，但是有很多道理，并不是所有人都清楚，反倒是孩子们偶尔的提问让大人们无言以对。例如，为什么2月的天数比其他月份的都少？一年中，为什么7月、8月连续都是大月？还有，对于生活在公元元年的西方人，他们当时是用公元来纪年吗？这些无疑都是很有意思的问题，而且也都相当深刻，要弄清楚答案，需要了解公历的历史。

我们平时所说的公历，是中国人对于这种历法的称呼，它的英文名称是：The Gregorian Calendar，直译应该为"格里高利历"，简称"格里历"。

格里高利是欧洲中世纪的一位教皇，他颁布了这部历法，因此就以他的名字命名了。当然这套历法并不是格里高利教皇发明的，他只是对以前的历法进行了一些改进。

格里高利历的前身是儒略历，而儒略历是从古罗马历法发展来的，那古罗马历法又是从哪里来的呢？就像西方天文学的源头总是能追溯到两河流域一样，古罗马历法最早的起源也在那里，是由古巴比伦历法、古埃及历法的遗存相混合而成。这体现了西方文化的起源规律。

在各文明古国中，当属古埃及的历史最为悠久。学界认为古埃及的历法，起源于公元前4000多年。他们发现当天狼星与太阳同升，尼罗河水就会泛滥，新的农业季节就此展开。于是他们为了耕种，就把天狼星与太阳同升这一天象出现的日子作为年首，每年长度为365天。显然古埃及人的历法是纯的阳历，因此也是公历的渊源。

古埃及人的一年只有三个季节，那么一年12个月的习惯是从哪里开始的呢？这离不开两河流域的古巴比伦人，他们把太阳在一年中运行在星空背景上的投影轨迹——黄道，等分为12部分，这就是黄道十二宫，太阳每进入一宫，就是一个月，这样一年就有12个月。他们定岁首为每年的春分日，也就是太阳经过春分点的时刻。古巴比伦人用这个历法来确定祭祀的日期。

在文化繁荣的古希腊时期，希腊的各城邦并没有统一的历法。城邦有各自的历法，彼此的出入很大。一年的每个月份，是依据当月所举办的节日或者奉祀某位神而取名。

在希腊诸城邦中，雅典历法的资料最为丰富。据记载，雅典城曾采用过多种历法。其中使用时间比较长的历法，是按月亮的盈亏来计算月，因此是阴历历法。他们新年之始是夏至之后的首个朔日。

公元前753年，罗慕路斯在罗马建城，西方文明进入古罗马时代。初期罗马人承继希腊历法。但实际上并没人懂历法的原理，一年10个月的历法使用起来相当混乱。

到了公元前713年，第二任罗马领袖庞培留斯，决定在这10个月后加上两个月Januarius和Februarius月，这样一年就变成12个月（图2-1）。

其中加在一年最后的这个Februarius月只有28天，因为年末是用来审判和处决罪犯的，大家都不希望这个不吉利的月太长，所以只有28天。这种年末处置犯人的习惯，与中国古代的秋后问斩，颇有相似之处。

古罗马人在传统上，仍以春分所在的Martius月，也就是汉语翻译过来的所谓3月作为岁首。到了公元前452年，才调整了顺序，把Januarius月作为一年的第一个月（图2-2）。

图2-1		图2-2	
1.Martius	30	1.Januarius	29
2.Aprilis	29	2.Februarius	28
3.Maius	30	3.Martius	30
4.Junius	29	4.Aprilis	29
5.Quintilis	30	5.Maius	30
6.Sextilis	29	6.Junius	29
7.September	30	7.Quintilis	30
8.October	29	8.Sextilis	29
9.November	30	9.September	30
10.December	29	10.October	29
11.Januarius	29	11.November	30
12.Februarius	28	12.December	29

图2-1　公元前713年古罗马历法　　　图2-2　公元前452年古罗马历法

由于古罗马人主要继承的是古希腊历法，因此是阴历，这样他们每年的年长就是12个朔望月的长度，大约为355日，与回归年365.2422有相当大的误差。

为了不致使历法的节日与实际的季节相脱离，负责历法的古罗马的大祭司，不得不决定每过几年就在一年中加上一个闰月，这个闰月叫作Mercedinus，长度一般为22~23日。这样古罗马人的闰年一年就有大约378日。至于到底什么时候置闰、如何置闰，则仁者见仁。总之，古罗马历法非常混乱，大祭司说了算。

凯撒大帝与儒略历

西方的历法真正完善是在古罗马皇帝儒略·凯撒时期。他颁布的历法称为儒略历。公元前63年，儒略·凯撒被选为古罗马的大祭司。他根据埃及亚历山大的天文家的建议，修订古罗马历，制定儒略历。为了颁布新历法，就要先把十分混乱的现行历法所缺的时间补齐。公元前46年，他决定在11月和12月中加入67日，使得这一年长445天，这一年被称为"混乱年代的最后一年"。到了第68天，开始执行他宣布的儒略历，这一天就是儒略历的1月1日（图2-3）。

儒略历法简单易行。它规定一年有12个月，单月31日，双月30日。平年365日，平年的2月有29日，每四年设置一个闰年，闰年的2月加多1日，成为30日，这样的话闰年就有366日。平年和闰年相叠加，使得历法的年平均长度为365.25日。在那个时候，这与回归年算是相当接近了。儒略历是一套比较科学的历法。此外，由于儒略历的每个月的日数大多是31日或30日，而与月亮圆缺的周期29或30日没有任何关系，因此，可以说从儒略历开始，西方历法具有了与月亮无关的阳历性质。

由于凯撒是7月出生，经元老院商议通过，为了彰显他的伟大功绩，把7月的名称改为Julius，就是儒略的名字。

儒略历的置闰规则是"每隔三年一闰"，但是当时有文化的人很少，罗马人以为他说的是"每三年

1.Januarius	31
2.Februarius	29
3.Martius	31
4.Aprilis	30
5.Maius	31
6.Junius	30
7.Julius	31
8.Sextilis	30
9.September	31
10.October	30
11.November	31
12.December	30

图2-3 公元前46年制定的儒略历

一闰"。因此当凯撒被刺杀后，人们就一直按照每三年一闰来施行历法。这样一来，就使年长变为365.33，远离了回归年长，更加不准了。

凯撒死后，到了公元前12年，盖乌斯·屋大维继位。他决定取消公元前9年的闰年，并确认每四年一闰的规则。这显然是恢复了儒略历。

由于屋大维打败了安东尼和埃及皇后克里奥佩特拉的联军，建立了功绩，被尊称奥古斯都（Augustus）。因此元老院效法凯撒，开会通过，将8月改名Augustus，以纪念屋大维。同时为了使屋大维的8月和凯撒的7月相平等，就把本来是小月的8月改为大月，有31天。

由于人为地把8月变成大月，于是7月、8月和9月出现了连大月的情况，这在历法上是不能被允许的。于是只好又依次调整8月后面各月的大小，把9月和11月从大月改为小月，把10月和12月从小月改为大月。但是，由于8月是凭空多出一天，于是只好把不吉利的2月再减少1日，加到8月里去。从此，2月就变成只有28~29日了。

到此，基本就是我们今天所看到的公历的雏形了。这就是儒略历。它的历法年长是365.25日。我们知道由于回归年长365.2422日，二者130年差1日。

现行公历的推行

下面我们再来介绍真正的公历，也就是格里高利历是怎么来的。

在西方文化中重要的日子是春分，这是从古巴比伦文化一脉相承而来的。使用儒略历的罗马人习惯了春分日在每年的3月25日，实际上，在公元前3世纪，就有古希腊天文学家确定了春分的日期。

如前所述，由于每过130年儒略历和天象就要相差一天，因此到了公元3世纪，也就是亚历山大大帝时期，行用了近五百年的儒略历，出现了较大的误差。春分日早已不在3月25日。天文学家观测发现春分日是在3月21日，这显然与传统不相符，于是引起了宗教界的困惑和争论。

因为，春分日是基督教会确定复活节的依据，而复活节是一个必须统一的日子。因此，公元325年，在罗马皇帝君士坦丁的主持下，基督教国家召开了历史上著名的"尼西亚会议"，会议决定共同采用儒略历，并将错就错，把春分日设定为每年的3月21日。因此，从那时开始，基督教一直以3月21日作为春分日，不允许变更。

从公元325年的尼西亚会议之后，一切安好，但是由于儒略历年长和回归年年长之间的误差仍然存在，因此到了16世纪，春分又差了10天，出现在3月11日。这实在是让宗教教廷感到尴尬，为了让实际的春分日期定下来，不要再偏移，1582年天主教会教皇格里高利十三世主持改革儒略历。他颁布新的历法，称为"格里高利历"，简称"格里历"。

格里高利历并没有调整每个月的长度和名称，而只是让历法的年长尽量靠近回归年。格里历规定，仍采取四年一闰，但每400年取消3次闰年；其中整百的年份不闰，但被400除尽的年要闰。这就使格里历的一年长365.2425日，这样一来格里历3320年与回归年差1日。

我国元代的郭守敬在公元1281年发明的"授时历"，其年长精度就已经达到这个数值了，比格里历领先300年。

教皇改历其实也并非一帆风顺，过程中就因为造成了历史上不存在的10天而引起轩然大波。

首先，教皇的这个新历法，无法直接颁布施行。因为在施行新历法之前，必须先要把春分从3月11日改回到3月21日，因为这是在尼西亚会议上定下来的。于是，教皇就发布规定，把1582年10月4日的次日，定为10月15日。这样一来，出现了历史上根本不存在的10天，即1582年10月5~14日。

当时在信仰不同宗教的国家中，推行格里历的进程大相径庭。此时，欧洲天文历法的改革，实际成为政治宗教力量的较量。当时的英国女王伊丽莎白一世，由于信奉新教，不肯改历。到了170年后，1751年5月22日英王乔治二世才签署法案采用格里历。

不过，当时的英国和其殖民地必须减掉11天。因为这包含当初1582年就应该减掉的10天，以及1700年英国多设置的一个闰年。于是英国人的1752年9月2日之后的一天，就是9月14日。因此，当时伦敦、布里斯托等城市甚至爆发了游行运动，人们呼吁"还给我们11天"。一方面是因为月工资凭空少了三分之一，另一方面不能忍受人生凭空老了十多天。

信奉新教的国家，最晚到1811年才推行格里历。而东正教国家，20世纪以前都没有推行，一直在使用儒略历。直到20世纪，东正教国家才部分推行，这时儒略历和格里历已经差了13天。

例如，到了1919年苏俄才改用格里历。此前，发生在1917年的苏联革命，虽然在格里历看来发生在11月7日，但在当时俄国使用的儒略历来看是10月25日，因此他们仍把这次革命称为"十月革命"。

最后还有一个有趣的问题，公历的纪年是什么时候开始采用的。

公元元年，一般用A.D.来表示，也就是"主的生辰"的意思。在基督教盛行的6世纪，525年一个叫狄欧尼休的僧侣，为了推算复活节，提出了耶稣诞生之年是在古罗马国王戴克里先在位之前的284年。他主张应以耶稣诞生之年作为格里历的纪元，这个提议得到教会的大力支持。到了公元532年，教会决定把耶稣诞生之年作为公元元年，并将此纪年法在教会中推行。可见，实际上，在公元元年之后的500多年期间，人们并不知道自己生活在公元纪年中。

中国阳历——二十四节气

二十四节气对于中国人来说可谓耳熟能详。"春雨惊春清谷天，夏满芒夏暑相连。秋处露秋寒霜降，冬雪雪冬小大寒。"这四句歌谣，分为春夏秋冬，按照顺序唱到了24个节气，简单易记。

这首歌谣还有下半首："每月两节不变更，最多相差一两天。上半年来六廿一，下半年来八廿三。"这两句是把二十四节气与公历的日期进行了对应。节气往往出现在公历中相对固定的日子，最多只差一两天。每年的上半年，也就是公历的1~6月，节气往往在每个月的6号和21号前后。而在公历的7~12月，节气则在每个月的8号和23号前后。

前面介绍了公历，强调它是一种阳历历法，是依靠观察太阳的运动规律来制定的。那么从这首歌谣就能看出，中国的二十四节气和公历的时间点实际上是完全对应的，这充分说明，二十四节气也是一种阳历的历法，并是中国特有的。

不过，为什么节气和公历不是一天不差地完全对应呢？为什么会错开一两天呢？关于这个原因，主要在于公历的2月在平年有28天，到了闰年就有29天。而二十四节气历法，则是完全根据太阳的运动规律来制定的，不存在闰年，因而会出现时间的错位。

在中国传统历法中，二十四节气是相当重要的。前面介绍过，中国的农历是阴阳合历，那么农历中的阳历部分，就是以二十四节气为依据的。

中国古代的天文历法家往往花费毕生的精力来修订历法，他们的工作主要就是围绕中国历法中的"气朔"二字。这里的"气"，就是指二十四节气，也就是太阳运动的规律，体现的是阳历的成分。而"朔"则是指朔望月，也就是月相变化的周期，体现的是阴历的成分。可见讲究气朔，就是调和阴阳。

下面我们具体来说说，二十四节气为什么是阳历。

太阳最方便于观察，在一天中，运动到天空中不同的位置，就像一个天然的表针一样指示出了时间。坚持观察，不难发现，每天正午的太阳，其实并不一样高。

由于太阳光芒太过刺眼，古人用圭表来观察正午的太阳影子，来测量它在天空中的高度。古人记录一年中不同的时间，每天正午时的太阳影子的长度，并总结规律，发现影子最短和最长的日子，从而确定夏至日和冬至日，并进一步确定了一年的年长。

阳光代表着"阳"，而投射在圭表上的影子则代表着"阴"，那么时间的别称"光阴"，也许就是指阳光的影子吧。古人通过观察阴阳的变化来确定岁月。光影的不同长度，指示了不同的时间，智慧的古人利用圭表，就把时间和空间统一在了一起。

阴阳分四时

　　古人用圭表观察日影长短的变化，定出了两个时间点——冬至和夏至，再用它们把一岁等分为两半，这就是"一阴一阳"（图2-4）。从冬至到夏至这一半是阳，是春天，从夏至到冬至这一半是阴，是秋天。先秦时代以前，一年分为两部分，谓之"春秋"，而冬和夏不过是两个时间点，用来分割春秋的。因此孔子编的历史书，就叫《春秋》，用"春秋"来代表所有的时间。

　　对于天文学家来说，当然不能就此停步，他们进一步把时间段细分。通过仔细观察发现，在冬至和夏至之间，各有一个时间中点，这两个日子把春秋平分——平分春色、平分秋色，这两个日子分别叫春分和秋分。同时他们还发现在这两天中，白天和黑夜各占一半的时间，也就是这两天的日夜平分，昼夜各半。更有意思的是，在这两天中，太阳升落的位置，恰好是正东方和正西方。于是在一年中有了四个时间点：冬至和夏至，这是二至，春分和秋分，这是二分，它们合称"二至二分"（图2-5）。

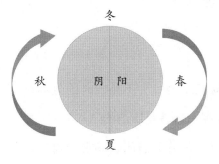

图2-4　一岁分阴阳

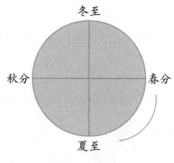

图2-5　二至二分

　　有了这四个重要的时间点，古人把一岁分为四时：春、夏、秋、冬。不过要注意的是，二至二分并不是四时的分界线，而分别是这四个时间段的中点，这在古代称为"四仲"：仲春、仲夏、仲秋、仲冬。我们知道，仲是排行第二的意思。因为一岁有四时，每一时包含三个阳历月，分别用孟、仲、季来代表，那么每一时的时间中点就在仲月。例如，春的第一个月称为孟春，第二个月称为仲春，第三个月称为季春，春分就在仲春之时。

　　顺便说一下，古人把一岁分为"四时"，而不称为"四季"。因为"季"特指在四时的每一时的最后一个月。

从四时到八节

　　问题来了，既然二至二分不是四时的分界点，那这四时又是从什么时间点开始起算呢？这就是所谓的"八节"。

　　《左传》中有"凡分至启闭，必书云物"。那么什么是"分至启闭"呢？"分至"是指二至二分，"启闭"就是指把二至二分再进行平分的四个时间点：立春、立夏、立秋和立冬。其中，立春和立夏称为"启"，立秋和立冬称为"闭"（图2-6）。

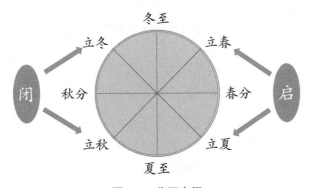

图2-6 分至启闭

从立春开始的是春和夏的时节，直到立秋为止，这是上半年。春夏主阳，象征着向上和开放，代表了春生夏长，因此称为开启的"启"。而从立秋开始的是秋和冬的时节，到下一岁的立春为止，这是下半年。秋冬主阴，象征向下和收藏，代表了秋收冬藏，因此称为闭藏的"闭"。

总结一下四时八节：一岁有四时，春夏秋冬，分割四时和代表四时中点的一共有八个时间点，就是八节。可见，"时节"这个词其实包含两个含义："时"是四时，"节"有八节，时与节不同。

三分而成节气

既然一岁可以分为八节，那么在八节的基础上，还可以继续进行等分：把每一节再等分为三段，就得到24节。在汉代，人们已经知道一岁长365$\frac{1}{4}$日。那么把一岁分为24节，每一节的长度为15$\frac{7}{32}$日。

关于二十四节气的完整名称，最早见于战国晚期的《逸周书·时则训》，其中个别节气的顺序和今天的不同。与今天的二十四节气名称和顺序都相同的记载，最早是在汉代的道家经典《淮南子·天文训》上。

立春、惊蛰、雨水、春分	立春、雨水、惊蛰、春分
谷雨、清明、立夏、小满	清明、谷雨、立夏、小满
芒种、夏至、小暑、大暑	芒种、夏至、小暑、大暑
立秋、处暑、白露、秋分	立秋、处暑、白露、秋分
寒露、霜降、立冬、小雪	寒露、霜降、立冬、小雪
大雪、冬至、小寒、大寒	大雪、冬至、小寒、大寒
——《逸周书·时则训》	——《淮南子·天文训》

下面来看看这二十四个节气在四时中的分布。每一时含有六个节气，而每个节气就是一个时间点。例如，从立春到立夏，这个春天分为六节。

四时与节气

春　·立春、雨水、惊蛰、春分、清明、谷雨
夏　·立夏、小满、芒种、夏至、小暑、大暑
秋　·立秋、处暑、白露、秋分、寒露、霜降
冬　·立冬、小雪、大雪、冬至、小寒、大寒

由于每一时又可分为三个月，按照孟、仲、季来称呼（图2-7）。例如，从立春到惊蛰是孟春，从惊蛰到清明是仲春，从清明到立夏是季春。这就是阳历的"春三月"，跟月相没有任何关系。

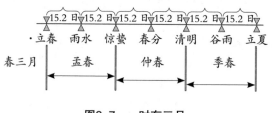

图2-7　一时有三月

在每个月中，含有两个节气。其中一个是代表一个月的起始，例如，立春、惊蛰和清明，我们把它们称为"节气"。而雨水、春分和谷

雨，都位于每个月的正中间，我们把这类位于一月之中的节气，称为"中气"（图2-8）。

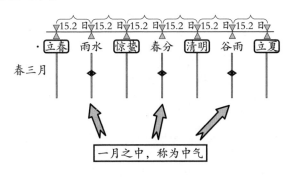

图2-8　月中为中气

这就是一岁中的二十四节气，凡是在1、3、5、7等单数位置的就是一个阳历月的开始，是节气；而在2、4、6、8等双数位置的，位于一个阳历月的中间，是中气。

关于节气与中气的差别，在《汉书》中说得相当清楚："启闭者，节也，分至者，中也"，其中"启闭"指的是四立，就是立春、立夏、立秋和立冬，很容易发现它们都是节气。而"分至"就是二分二至，即春分、夏至、秋分和冬至，正好都是中气。

这样看来，对于一岁中的这二十四个节点，其中十二个应称为节气，另十二个应称为中气（图2-9）。因此，我国古代把它们统称为"二十四气"，而不是"二十四节气"。

节气	中气	月名	节气	中气	月名
立春	雨水	（寅）	惊蛰	春分	（卯）
清明	谷雨	（辰）	立夏	小满	（巳）
芒种	夏至	（午）	小暑	大暑	（未）
立秋	处暑	（申）	白露	秋分	（酉）
寒露	霜降	（戌）	立冬	小雪	（亥）
大雪	冬至	（子）	小寒	大寒	（丑）

图2-9　节气历

什么是气与候

在现代汉语中，气候是一个常用词，反映的是大气物理特征。不过学习了历法知识后，我们又有了新发现，原来"气"与"候"是两个不同的概念。

我们知道把一岁时间等分为24份，就是二十四气。其实古人在这24份的基础上，继续进行细分，每"一气"再三分，这样就把一岁分为72份，每一份称为"一候"。既然每一气长15日多一点，那么一候就大约是5日的长度。

在元代的《月令七十二候集解》中有关于七十二候的完整解释（表2-1）。它记录了每一候的名称，例如，立夏有三候，一候蝼蝈鸣，二候蚯蚓出，三候王瓜生。可以看出，它们实际上反映的是在每个时间阶段出现的典型的物候现象。这显然与地理纬度和海拔高度有关。一般认为这是黄河流域平原的物候特点。

表2-1　月令七十二候

四时	节气	三候			中气	三候		
春	立春	东风解冻	黄莺睍睆	鱼上水	雨水	土脉润起	霞始㯂	草木萌动
	惊蛰	蛰虫启户	桃始笑	菜虫化蝶	春分	雀始巢	桉始开	雷乃凳声
	清明	玄鸟至	鸿雁北	虹始见	谷雨	霞始生	霜止出苗	牡丹花
夏	立夏	蛙始鸣	蚯蚓出	竹笋生	小满	蚕起食桑	红花荣	麦秋至
	芒种	螳螂生	腐草为萤	梅子黄	夏至	乃东枯	菖蒲华	半夏生
	小暑	温风至	莲始开	鹰乃学习	大暑	桐始结花	土润溽暑	大雨时行
秋	立秋	凉风至	寒蝉鸣	蒙雾升降	处暑	绵柎开	天地始肃	禾乃登
	白露	草露白	鹡鸰鸣	玄鸟去	秋分	雷乃收声	蛰虫坏户	水始润
	寒露	鸿雁来	菊花开	蟋蟀在户	霜降	霜始降	霎时施	枫莴黄

四时	节气	三候			中气	三候		
冬	立冬	山茶始开	地始冻	金盏香	小雪	虹藏不见	朔风和业	橘始黄
	大雪	闭塞成冬	熊蛰穴	鳜鱼群	冬至	乃东生	麋角解	雪下出麦
	小寒	芹乃荣	水泉动	雉始雊	大寒	款冬华	水泽腹坚	鸡始乳

关于二十四气的名称，除了八节的名称反映的是天文现象之外，其余的节气根据名称还可以分为几类。最多的一类是反映气象特征的，例如：雨水、清明、谷雨、白露、霜降等，还有反映农作物生长特征的，例如：小满、芒种等。而惊蛰则反映的是昆虫随季节的活动规律。因此，二十四气，虽然它们的时间点是来自天文，但是有半数以上是以典型地区的气象和物候特点来命名的。至于七十二候，则几乎是后者的反映，显然更加"接地气"。

关于"岁时""节气""气候"等概念，在《黄帝内经·素问·六节藏象论》中有很好的总结："五日谓之候，三候谓之气，六气谓之时，四时谓之岁。周而复始，如环无端。"这段话把候、气、时、岁之间的关系，做了详细的描述，最后指出时间是一个循环，就像一个环圈一样，周而复始，并没有开端和结束。

有两点需要强调：第一点，所谓的岁、时、气、候，指的都是阳历的时间概念，与月亮的变化没有任何关系；第二点，节气指的并不是一个时间段，而是一个时间点，这是很多人平常最容易犯的概念错误。

定节气的方法

我国古代传统中，把一岁的时间平分为24等分，定出二十四气的时间点。另外，在秦汉时期，人们认为一岁长$365\frac{1}{4}$日，那么把它24等分，就可以得到两气之间的时间长为$15\frac{7}{32}$日，也就是每过$15\frac{7}{32}$日就交一个新的节气点，这就是《黄帝内经》所用的节气算法，而这种按照时间来均分二十四气的方法，称为"平气法"，也称为"恒气法"。

时至今日，我们知道，地球围绕太阳的运动是在一个椭圆上，地球与太阳的距离时刻在发生变化，而且地球公转的速度也在发生着变化。那么从地球上观察太阳，就会发现，太阳在黄道上运动的速度快慢不同。

我们知道，每一个回归年（一岁），太阳在黄道上运动一周。平气法就意味着，把太阳运动一周的时间等分24份，这是时间尺度上的等分法。实际上还有另一种等分法，就是把黄道的长度24等分，太阳每走到一个等分点的时刻，定义为一个节气的时间点。这种定义节气的方法，称为"定气法"。

显然，由于太阳在黄道上的运动速度不同，那么假如采用定气法，每两气之间的黄道经度虽然是等分的，但时间间隔的长度就不相等了。

在南北朝时期，北齐的天文学家张子信发现，太阳的周年视运动实际并不等速。而唐朝的李淳风在《隋书·天文志》中明确写道："日行在春分后则迟，秋分后则速。"尽管我国古代的天文学家早就发现了太阳运动速度的不同，但是在我国古代的传统历法中，却一直沿用平气法。直到清朝顺治时期颁布由西方传教士主持制定的中西合璧的历法——时宪历，才正式在历法中采用定气法。我们今天采用的农历中的二十四气，沿用的就是清朝时宪历的方法，采用的是定气法。

由此可见，定气法是空间尺度上的等分法，平气法是时间尺度上的等分法，二者不相同。由于算法不同，因此会导致通过平气法和定气法计算得到的二十四气的时间点完全不同。在阅读古代书籍的时候，要切记这一点，在清朝以前，传统中一直采用的是平气法。举例来说，《黄帝内经》中出现的二十四气，就不应该用今天农历中的二十四气时间点来定，而应该按照平气法，重新计算才行。

最后总结一下，二十四气是完全由太阳的视运动决定，因此二十四气历法是阳历历法。它是古代安排农事活动的主要依据，也是在历法中确定月名、月序，设置农历闰月的根据，它使中国历法具有很强的阳历性质。二十四气历法是中国特有的历法，是我国传统天文历法、自然物候与社会生活共同融入而创造的文化时间刻度，每一个节气都是中国人对自然的感知和对生活的体认。

2016 年联合国将"二十四节气"列入联合国教科文组织"人类非物质文化遗产代表作名录"。这是迄今为止中国申请的最具有历史意义与普遍代表性的人类非物质文化遗产项目，是中国人的骄傲！

第三章
与月亮有关的历法

　　月亮是夜空中最亮的天体，它每天都呈现不同的月相，其变化的周期称为朔望月，是阴历历法中"月"的依据。不过，朔望月周期并非整数日，因此如何协调年、日与月的关系，便是自古以来历法的主要内容之一。

▶▶

与月亮有关的历法

月相的变化

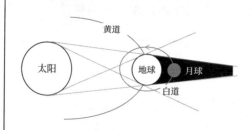

太阳光 →

朔 初一

下弦月　残月　亏凸月

望 十五

地球

新月　上弦月　盈凸月

◇ 不同月相的出现时间，与月亮在夜空中的位置有关
◇ 同一时间，在地球南北半球看到的月相，都是一样的

日食，月食与"超级"月亮

黄道

太阳　地球　月球

白道

为什么不是每个月都发生月食和日食现象呢？
黄白夹角让月亮不能完全遮挡太阳，即无日食现象；无月食同理

◇ 日食：太阳、月亮、地球在同一水平线
◇ 月食：太阳、地球、月亮在同一水平线
◇ 超级月亮：月亮在近地点时，发生满月现象
◇ 黄白夹角：白道与黄道有一个5°的夹角

月亮的公转周期

当月亮围绕星空运行一周，回到它最初位置，这个时间周期就称为"恒星月"，约为27.32日

月亮绕地球公转一周的时间周期是恒星月，不是朔望月

恒星月
与日常生活关系不大

VS

朔望月
对人们夜间的活动有较大的影响

朔望月

月相从朔→望→朔这个周期称为"朔望月"，长度大约是29.53天

每一个朔望月的长度都不相等

原因
① 月亮围绕地球运动速度有快有慢
② 月相变化和月亮公转以及地球的公转有关

≫

历法中的大月与小月

大月　两朔间隔为30天时　　小月　两朔间隔为29天时

定朔法

◇ 平朔法：采用朔望月的平均长度来编排历法
◇ 定朔法：发生合朔时刻的那一天，定为初一

我们现在用的农历，采用的是定朔法

我国历法的发布机关

古　　　　　今
皇家天文台　　（南京）紫金山天文台

伊斯兰历

每年有十二个月，单数月是大月30天，双数月是小月29天

伊斯兰历与农历的4点区别

Tips
兰：表示伊斯兰历　　农：表示农历

① 是否有置闰月的规则
兰：没有
农：有

② 大小月的安排
兰：大小月是交替安排的
农：据朔日时间安排大小月

③ 每月的第一天
兰：新月出现的第一天
农：每月的初一 定为朔日

④ 一天的开始
兰：始于日落时分
农：始于每天的午夜

月相的变化

自古以来，在人们头顶的天空中，最明亮的无疑是太阳，人们依据它运动的规律来安排生活和作息，不过太阳的模样看上去似乎从来都没什么变化。不过，作为夜晚天上最亮的天体，月亮虽然亮度不如太阳，但是却与太阳有一点最大的不同，就是月亮会经常改变自己的外貌，这就是月相的变化。

在文人的眼中，月相变化颇具浪漫色彩，很容易引发艺术的联想。最有名的作品当属苏轼的《水调歌头》，在这首词中有："人有悲欢离合，月有阴晴圆缺，此事古难全。"当时苏轼被外放在密州（今山东诸城）做太守，中秋之夜，他怀念千里之外的兄弟苏辙，把酒独坐，表达了郁愤而又怅然的心境。东坡先生用月亮的变化，来比喻人生的无常。在这首词中，他发出了那句旷世追问"明月几时有"，可谓千古绝唱。这千里与共的婵娟，她的面容变化是否有规律呢？

我们知道，月亮本身不发光，它靠反射太阳光才被我们看到。由于月亮是一个球形天体，在同一时间，阳光只能照亮它的一半，而另一半则处于黑暗之中。在地球上看到的月亮被太阳照亮的那部分的形状，就是"月相"。月亮围绕地球一刻不停地公转，因此月相也总是处于变化之中。

下面我们来看看在一个月当中，月相的变化过程。当月亮和太阳处于同一方向，与太阳同升同落，这实际上是月亮位于太阳和地球之间的时候，由于此时它朝向地球的一面照不到阳光，所以在地球上就看不到它的光亮，此时的月相称为"朔"。在中国传统历法中，这一天叫作"朔日"，被认为是每个月的第一天，即初一。

随着月亮每天在星空中自西向东运动，逐渐离开太阳，我们慢慢开始看到它明亮部分的边缘，最先看到的是一弯月牙，称为"新月"。由于此时的月亮位于太阳西边很近的地方，所以，新月往往只能在傍晚日落的时候，在西方低空中才能看到。

在接下来的几天中，每到傍晚时分，你会发现月亮被照亮的部分也在一天天地变大起来，而它在天空中的位置也在逐渐向东，慢慢远离太阳。直到有一天傍晚，太阳落山的时候，它来到正南方的天空中，正好把被照亮的一半对着我们。这一天的月相，称为"弦月"，因为它很像一把有弦的弓。这天一般是在每个月的初七或者初八，处于上半个月，因此此时的月相也叫作"上弦月"。

此后几天中，月亮的明亮部分继续变大，接近四分之三被照亮的月相叫作"盈凸月"。三四天之后，傍晚时当太阳刚刚落下西方地平线，一轮满月从东方地平线上徐徐升起。这一天，月亮把它明亮的部分全部呈现在我们面前，这就是满月，也称为"望"。这一天在历法上称为"望日"，它是每个月的月中，一般是农历十五。当然，我们有时也会在农历十六的傍晚看到更圆的满月，这就是所谓的"十五的月亮十六圆"，这与月相变化周期有关。

接下来，月亮继续向东运动，每一天都会比前一天更晚升出东方地平线，而且月相也从满月逐渐变亏，从地球上看，月亮逐渐转过它的脸庞，开始用那没被照亮的部分对着地球，当光亮部分变为四分之三的时候，称为"亏凸月"。而当它再次变为一半亮一半暗的时候，一般是在农历二十二或者二十三，你会发现这一天的月亮是在半夜时候，才从东方升起，在整个前半夜它都没升出地平线。这个一半明亮的月相，也叫作"弦月"，由于是在下半个月中，所以称为"下弦月"。比较一下上弦月和下弦月，你会发现它们两个分别是月亮的左右两半，拼起来正好就是一个满月。

再往后面的日子里，月亮升起的时间越来越晚，明亮的部分也越来越小，直到有一天，它在黎明时才出现在东方低空中，只剩下一弯月牙，这就是"残月"，这一般是在每个月的最后几天。正像北宋词人柳永的那首名篇《雨霖铃》里面唱到的："今宵酒醒何处？杨柳岸，晓风残月。"这说明作者是亲眼看到了这个场景，有感而发，因为残月的确就只能出现在黎明。

残月之后，月亮又回到和太阳同一个方向上，重新用暗的一面对着地球，我们看不到它，于是月相再次变为朔。从此月相重新开始下一轮的周期变化。

需要注意的是，不同月相的出现时间，与月亮在夜空中的位置有关。例如，新月总是出现在傍晚西方的低空，并且很快就会西沉。而望月也就是满月，则会与太阳相对，在傍晚太阳西沉的时候，它从东方升起，而到了清晨，当太阳要从东方升起的时候，这一轮满月也马上要沉入西方地平线。

同样的道理，上半个月中，从新月到上弦月，这些月相都只能在前半夜观察到，而到了半夜之后，月亮就落山看不到了。而从下弦月到残月这个阶段的月亮，只能在后半夜看到，因为前半夜月亮还没升起来呢。

另外，还有一点，在同一时间，在地球的南北半球看到的月相，其实都是一样的，例如，同一天大家看到的都是残月，或者都是圆月。所不同的是，月亮在天空中的方位不同。只要记得一点，月亮明亮的一面总是冲着太阳的方向，就不会感到困惑了。

月相听起来复杂，实际上很简单，无论古今，只要天气允许，人人都能用肉眼观察到它的变化。要发现月相变化的规律也很容易，只需要坚持每天都观察月亮。

自古以来，人们都是用月相的变化周期作为历法中一种时间的单位，这就是月。由于月相的变化周期是从朔到望，再到朔的过程，所以这个周期被称为"朔望月"，长度大约是29.53天。

月食和日食

下面我们再来看看月食和日食现象，它们的出现都与月亮的运动有关。日食和月食在古代历法中占有十分重要的地位，因为对它们出现的时间的预测，往往是对一个历法是否准确的最好的验证方式。

简单地说，由于月亮距离地球比太阳近，因此，当月亮位于地球和太阳之间的时候，有可能会挡住太阳光，使地球上某些地区出现日食的现象。此时地球进入月亮的影子里，只不过由于月亮比较小，它的影子就比较小，因而地球上发生日全食的区域就往往比较有限，看到日食的机会就显得难得。

同样的道理，当月亮来到地球的另一侧，地球位于它和太阳之间，从地球上看是满月的时候，月亮可能会进入到地球的影子里，从而发生月食现象。由于地球的影子比较大，月全食发生的概率比较大。

那么问题来了，既然月亮每个月都围绕地球运动一周，为什么不是每个月都会发生月食和日食现象呢？

我们知道，在星空中，太阳运行的轨迹叫作黄道，而月亮运行的轨迹叫作白道。白道与黄道很接近，但并不重合，有一个有5°的夹角，称为"黄白交角"。白道与黄道有两个交点，叫作"黄白交点"。

由于黄道和白道并不完全重合，所以不是每次当月亮运动到地球和太阳之间的时候，都会正好遮挡在太阳的前面，因此，不会在每个月的初一都发生日食现象。同样的道理，当月亮转到地球的另一侧，与太阳相对时，也不会每次都进入地球的影子里，出现月食的现象（图3-1）。

只有在日月合朔的时候，月亮和太阳都位于黄白交点的附近，才有可能出现日食。同样的道理，在望月的时候，只有月亮运动到黄白交点的附近，才会发生月食。

实际上，当月全食发生的时候，月亮并不是完全看不见，而是亮度变得比较暗，而且颜色发红罢了，因此常被称为"血月"。这个原因很简单，我们知道月亮本身不发光，我们看到的是它反射的太阳光。在月全食的时候，由于被地球挡住，阳光不能直射在月球上。但是由于地

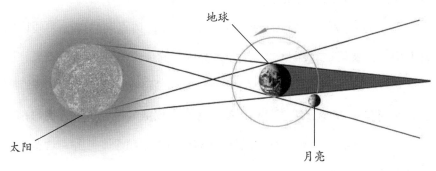

图3-1　太阳、地球、月亮

球周围有大气层，大气层将一部分太阳光折射到月亮上，因此月全食的时候，月亮还是能够看到的，只是比平时暗了许多。另外，阳光经过地球大气层时，波长比较短的蓝色部分被散射掉了，只剩下波长较长的红光，穿透之后照在月球上，因此月全食的时候，月亮看上去是红色的。

"超级"月亮

近几年社会上经常出现一个天象概念，叫"超级"月亮。其实，"超级"月亮并不是一个天文学名词。"超级"月亮一般发生在满月，所谓"超级"是指某次满月的月亮，看上去比平时的满月要大。

我们知道，每个月都会有一次满月，不过却不是每个月都有超级月亮。为什么满月会不一样大呢？这是因为，月亮围绕地球公转的轨道，不是一个圆，而是一个椭圆。它与地球的距离，有远有近。假如，月亮来到近地点附近，从地球上看它就是最大的，但是此时也许不一定正值满月的时候。而如果月亮来到近地点附近，又恰好赶上满月，这就是"超级"月亮了。

那么问题来了，到底月亮经过距离地球近地点前后多少时间以内赶上望月，就可以算作是"超级"月亮呢？这个并没有确切的定义，因此"超级"月亮并不是科学上的概念。既然"超级"月亮没有标准，那么什么时候会有"超级"月亮也就没有一个权威的说法。有人说每14个月有一次"超级"月亮，有人说每年都有3~4次"超级"月亮，这基本上是怎么说都行。

前面说过，月全食都是发生在望月的时候，因此，尽管不是每次月全食都会遇上"超级"月亮，但是"超级"月亮和月全食同时发生却是完全正常的。

那么到底什么时候会出现"超级"月亮同时加上月全食这个天象呢？答案是不一定。原因很简单，虽然月全食的发生可以准确预报，但是"超级"月亮却没有确切的定义。所以，二者同时发生也就没有准确的说法了。

如果非要预测一下，下一次"超级"月亮和月全食同时出现的时间，我们不妨把"超级"月亮定义为月亮经过近地点前后24小时以内出现的满月，那么下次在我国能看到"超级"月亮和月全食同时出现的天象，是在2037年1月31日。

月亮的公转周期

古人说"日月同经，谓之合朔"。月亮和太阳处于同一个方向，可以称为"日月同经"，因为此时它们的经度相同。连续两次日月合朔的时间间隔，就是朔望月的周期。朔望月是月相变化的周期，它并不是月亮围绕地球运行一周的时间周期。实际上，月亮公转的周期，叫作"恒星月"。

我们说过，以星空为背景，太阳和月亮每天都分别沿着黄道和白道向东缓慢地运动，只不过速度不一样，古人称为"日迟而月速"，《黄帝内经》上有："日行一度，月行十三度而有奇。"就是说每天太阳向东走1度，而月亮则运动了13度多。

在每次日月合朔之后，太阳和月亮都会向东运动，月亮的速度快一些，当月亮围绕星空运行一周，又再次回到它出发时的位置，这个时间周期就称为"恒星月"，约为27.32日。恒星月才是月亮围绕地球公转一周的时间周期。

要知道，在一个恒星月的时间里，太阳也已经从起点向前运动了一些，因此，此时月亮必须继续向前运动一段，才能赶上太阳，重新回到日月合朔的位置。可见，朔望月的周期一定比恒星月长。

恒星月与日常生活关系不大，而朔望月却对应了月亮圆缺变化的周期，对人们夜间的活动有较大的影响。所以人们把朔望月作为历法的一种周期单位，这就是历法中的月。

历法中的大小月

我国最迟在殷商时代，人们就知道了朔望月的时间周期是29.5天多，所以在那时的阴阳合历中，就设置了大小月：大月30天，小月29天，二者交替排列，一年12个月下来，平均每个月的长度就是29.5天。

我们知道，实际的朔望月周期是29.53天，那个多余的0.03天，看上去数值似乎不大，但是它造成的历法累积误差却不能忽略。因为经过30个月的时间，也就是不到3年，累积误差就能达到一天。而这一天的误差是不能容忍的，因为这会导致日食不发生在朔这一天，而这对于历法来说是致命的。因此，这个误差必须修正。

虽然直到周代，人们也不能直接测量出朔望月的准确周期，但是这个累积的误差，却早就发现了。当时，人们在初二的傍晚观察西边的天空，看有没有很细的月牙出现，如果没有月牙，就说明初一的日月合朔的时刻发生得比较晚，因此这个月的时间就会比较长，应该是30天的大月。如果有，就说明日月合朔的时间比较早，那么这个月就会短一些，应该是29天的小月。一般来说，大月的时候，十六的那天是满月，而小月的时候，十五的月亮是圆的。

后来慢慢地人们就找到规律，每相隔一定时间，就把某个大月之后的一个月，仍然设置为大月，这就是"连大月"。然后把第三个月再设置为小月，重新开始大小月相间的安排。通过定期设置连大月，人们就能很好地处理朔望月不是整数的问题。只是这个安排的规律，自古以来，一直在不断地调整中。

古人通过长期观察发现，假如在100个月中，安排53个大月，47个小月，这样从长期的角度看，就可以保持平均下来每个月的长度，与朔望月的29.53天尽量趋近。

朔望月的长度变化

农历大小月的排布很复杂和专业，那为什么会这样呢？朔望月的周期不就是29.53天吗？即便是小数点再多几位，也能够事先计算清楚，提前安排好所有的日历啊。

实际的情况，可没有这么简单。我们这里所说的朔望月，是一个长期的平均值。这就像我们前边学习过的真太阳日和平太阳日一样，月相的朔望变化是一种实际的天象，它的周期也是总在变化之中。我们只能算出它的平均长度，并根据平均的朔望月长度来安排历法，这在古代天文中称为"平朔"。"平"就是平均的意思。

具体到每一个朔望月的长度都不相等。例如，我们知道，朔望月平均长度为29.53天，也就是29天12小时44分，而真正的朔望月周期，长的时候可以到29天19小时54分，而短的时候却只有29天7小时4分，长短差别达到将近13个小时，也就是半天多的时间。那么是什么造成了这个情况呢？

原来，这主要是由两方面的因素造成的。一方面，月亮围绕地球运动的轨道是一个椭圆，它在天空中运动的速度有快有慢，于是造成每个朔望月的长度有差别。另一方面，朔望月的月相变化，其实并不是单纯地由于月亮围绕地球的公转造成的，它还与太阳的运动，也就是地球围绕太阳的公转有关系，而我们在前面的课程中已经介绍过，地球的公转速度也是时时刻刻都在变化中的。这两方面的因素最终造成每个朔望月的周期都在变化。

因此真正准确的历法，必须根据朔望月的实际长度来安排。当然，在我国古代的历法中，对于朔望月实际长度的认识，并不是一步到位的，而是有一个漫长的过程。

我国古代最早采取的是用平朔法来安排阴历月，也就是根据朔望月的平均长度来安排大小月的排列间隔，大约每隔15~17个月安排一次连大月。但是随着观测技术的日益提高，人们发现，这种情况下，对日食的预测经常会出现偏差，因为有时候日食发生在前一个月的最后一天（称为"晦日"），而有时候则会发生在初二那一天。

那么为什么日食发生在晦日或者初二，就说明历法不准确呢？我们前面讲过，初一叫朔日，这一天日月合朔，也就是太阳和月亮运动到同一个方向上，因此只有这一天才有可能发生日食。

但是，由于在朔日那一天看不到月亮，除非发生日食，否则我们不能观察到日月合朔的具体发生时刻。我们知道，不是每个月都发生日食，所以在平时我们只能靠朔望月的平均长度来推算这一天到底是哪一天，而朔望月的平均长度只是一个平均值，实际朔望月的长度可能与这个平均值有较大的偏差。因此，真正日月合朔就可能会提前一天，出现在晦日，或者推后一天，出现在初二。

由于平时的日月合朔，月亮不一定会遮住太阳而发生日食，所以即便是合朔提前或者推后一天，我们也并不知道。但偶尔有时候发生日食现象，这就给我们校准历法带来大好时机。也就是说，平时我们不知道合朔的真正时刻，一旦有日食发生，就相当于我们亲眼看到了合朔的发生。可见，假如日食发生的这一天，不是历法中的初一，那就只能说明历法存在偏差，必须要调整大小月的安排。

所以说，在我国古代，特别重视日食这一天象的观测。一方面，从占星学的角度来看，日食可能意味着对国家或者帝王不利，历来受到统治者的关注。另一方面，从纯天文学的角度来看，日食的发生，也意味着是对历法的一次最好的校准机会。因此，古代天文学家都格外重视日食，在史书中也基本都会记载它的发生。

月行有快有慢

　　话说回来，古人发现存在日食不在朔，进而观测发现原来是因为月亮的运动速度有快有慢造成的。人们发现，在月亮距离地球近的时候，运行得最快，而在远地点的时候，运行得最慢。关于月亮运动快慢变化的规律，在两千年前的东汉时期，天文学家就已经发现了。

　　例如，在《续汉书·律历志》中记载了东汉初年（公元92年）天文学家贾逵曾说："月行当有迟疾，由月所行道远近、出入所生。"贾逵不但指出月亮运动快慢，跟它的远近有关，甚至还精确地指出了月亮的近地点位置在天空中并不是固定的，而是沿着白道有所运动，他说"率一月移故所疾处三度，九岁九道一复"。意思是说，亮的近地点每个月向前移动3度，运动一周需要9年。要知道，这个数值已经相当接近现代天文学的观测结果了。

　　到了东汉末年，天文学家刘洪认识到月亮运行的白道和太阳运行的黄道并不重合，他计算出了二者的夹角是大约6°，从而使黄白道的区别有了一个明确的数值概念。同时，他还发现黄白交点存在移动的现象。于是刘洪在贾逵的基础上，进一步提高了对月亮运动速度不均匀性的计算精度，并且第一次把这个不均匀性引入到历法的编算中，这就是汉末到三国时期刘洪主持编写并得到颁布的"乾象历"。

　　在"乾象历"中，刘洪首次引入"月行迟疾"的概念，并首创了用"月离表"来表示的方法。在这个表格中，给出了月亮在一个月内，每一天实际运动距离的大小，以及每一天月亮的真实位置和平均位置之间的差值。根据这个表，就能计算出任意时刻月亮在天空的真实位置，并进一步计算得到日月合朔的时刻。

不过，当时刘洪只考虑了月亮运动的不均匀性，并没有考虑太阳运动的不均匀性。尽管如此，他的方法还是使日食的预报比过去准确多了，另外还能推算出满月、上弦月和下弦月发生的时刻。因此后来历代的历法家们都一直沿用刘洪的方法，来预报日食和月食。

这种情况一直延续了两百多年，人们一边实践，一边总结。既然每个朔望月的实际长度都不太一样，那么到底历法中的一个月应该怎样确定它的开始和结束呢？总要有一个可以确定的标准吧？

从平朔法到定朔法

南北朝时期，南朝刘宋的天文学家、音乐家何承天提出，废除"平朔法"，改用"定朔法"。

所谓"定朔法"是指不再采用朔望月的平均长度来编排历法，而是把发生日月合朔的时刻所在的这一天，固定为初一。这样一来，同样道理，下一次合朔时刻所在的日子定为下一个月的初一，不论这两天之间究竟包含多少天，也就是说，定朔法不再顾忌大小月的交替安排这一传统历法思想。简单地说，定朔法就是把合朔之日定为初一，这是安排阴历月的唯一标准，因此称为"定朔"。在历法上，它是与"平朔"相对的概念，显然定朔比平朔更加科学和精准。

可见，对于定朔法来说，日食一定会发生在朔日，也就是初一这一天。何承天提出定朔原则后，在元嘉年间制定了一套新的历法，命名为"元嘉历"。当时的太史令钱乐之等人承认元嘉历的优点，却批评它会导致经常出现连续三个大月的现象，而这与传统的历法不符，因此建议他修改历法。对于敬天法祖的古人来说，与传统不符的事情，往往是不能被轻易认可的。因此最终何承天只好修改，最终颁布的元嘉历仍然采用的是平朔法，实在可惜。

此后在后梁和北齐时期，都有其他天文学家进一步肯定了定朔法的优点，但各种原因导致还是没有新历法实际采用它。这一情况一直延续到唐朝。唐高祖李渊的武德二年（公元619年），天文家傅仁均提出"戊寅历"，正式采用定朔法。

"戊寅历"颁布后，二十多年相安无事，但到了第二位皇帝，也就是唐太宗李世民的贞观十九年，那一年九月以后，按照戊寅历是四个月的连续大月。当时大多数的历法家都认为，这不是正常现象，与传统相悖，因为过去的平朔法，会出现两个月的连大月，偶尔才会有三个月的连大月，从来就没有四个月的连大月。因此大家极力反对这个历法。结果只好重新修改历法，又恢复使用平朔法。历史出现了倒退。

时间又过去了20年，到了唐朝的第三位皇帝，唐高宗李治的麟德二年（公元665年），著名天文学家李淳风制定的新历法"麟德历"得到颁布，最终确定了定朔法的地位。尽管李淳风是我国古代历史上最杰出的天文学家之一，但他在顽固的保守势力面前，还是不得不做出让步，他发明了一种所谓"进朔"的人为迁就的方法，以避免四个月连大的现象发生。

从那之后，定朔法慢慢被世人接受，终于成为我国传统历法的基本算法，一直沿用至今。我们今天使用的农历，采用的就是定朔法。因此纵观历史，在李淳风的年代之前，基本上一直在使用平朔法。这个情况，大家在阅读古代文献的时候，应该予以注意。

连大月和连小月

那么从天文学的角度来说，出现四个月连续大月的情况，到底是不是正常的呢？答案是：只要是采用定朔法，这种情况就是完全正常的。

我们说过，实际的朔望月长度相差很大，最长的朔望月将近有29天20小时那么长。定朔法的原则只有一条，就是发生合朔的时刻，所在的那一天，定为初一。这样一来，假如某一次的合朔时刻发生在某一天的晚上20点以后，而且其后的几个朔望月恰好又都是比较长的，那么就有可能发生四个月连续大月。

例如，公元1990年就出现了这种情况。那一年的农历九月初一，合朔时刻是在公历10月18日的晚上23点37分。相当接近第二天，而恰好后面接下来的四个朔望月都是比较长的，它们分别是29天17小时28分、29天19小时17分、29天19小时28分、29天17小时42分。这样一来，农历的九月、十月、十一月和十二月，连续四个月全都是大月。这对于定朔法来说是很正常的。

李淳风当年也认识到这一点，但是由于保守势力强大，他只好发明所谓"进朔"法，人为地避免四个月的连大月。这也是无奈之举。

说完连大月，再来看看连小月。我们知道在平朔法的时代，人们已知的朔望月周期比29.5天还要大0.03天，因此，在编排月的时候，要大小月交替，偶尔安排两个月的连大月，但无论如何不可能出现连小月。但是，在采用了定朔法之后则有所不同，如果恰好赶上后面连续几个月的实际朔望周期都比较短，那完全可能会出现连小月的情况。当然，这种情况实属少见。

不难看出，在古代历法的研究过程中，学术上任何一点突破的取得，都是十分不容易的，往往需要上百年的时间，几代人的努力，最终才能实现。

我国历法的发布机构

翻开我国现行的农历，你会发现有2个月、3个月甚至4个月的连大月，看上去农历的安排真是相当复杂。在我国独有的农历历法中，每个月长度的安排是最有学问的。在一年中，到底哪个月是大月，哪个月是小月，以及如何安排闰月，自古历来都是由国家权威机构来计算和颁布的。在古代是由皇家天文台，而现今则是由位于南京的中国科学院紫金山天文台，作为我国的权威天文机构，负责每年发布未来新一年的《中国天文年历》。

在第一章中说到，北京时间是由在西安的国家授时中心发布的，那是时间系统，也就是每天的几点几分几秒这套时间，而具体的一天是属于哪一年的哪个月的哪一天，这就属于历法的范畴，发布机构是紫金山天文台。可见时间系统和历法系统并不完全相同，发布它们的机构也都不一样。

纯阴历的伊斯兰历

现今世界上在使用的历法中是不是有纯阴历历法呢？有，那就是伊斯兰历，也称为"回回历"。

伊斯兰历每年包含有12个月，每个月的长度采用朔望月长度的近似，也就是29天或者30天，单数月是大月30天，双数月是小月29天。因此，伊斯兰历法的一年年长为354天，比一个回归年的365日要短11天左右，这样一来，每过三年，伊斯兰历就比一个回归年短30多天，相当于一个月。大约10年之后，二者就相差一个季度。因此伊斯兰历的新年，所处的季节总是在变化中，有时候是冬天过年，有时候是夏天过年。

伊斯兰历与我国的农历有所不同。如前所述，农历属于阴阳合历，它既有阳历部分，也就是二十四气，也有阴历部分，对应了月相变化的周期，也就是朔望月。尽管伊斯兰历也是靠朔望月来定每个月的长度，但是在各个阴历月的安排上，农历与伊斯兰历这种纯阴历历法是完全不同的。

二者主要的不同有以下四点：

第一，农历有置闰月的规则，而伊斯兰历则没有。我们知道，农历一年在大多数情况下包含有12个月，但是在有的年份，农历的一年有13个月，其中一个月就是多出来的闰月。农历的置闰规则在下一章将详细解说。总之，农历靠置闰来协调阳历和阴历，于是就可以把农历年的年长尽量与回归年保持一致，这样一来，中国农历的新年就总在一年中的固定的春季，而不会出现伊斯兰历的持续性偏移。这也是阴阳合历和纯阴历的主要差别。

第二，在伊斯兰历中，大小月是交替安排的。单月固定是大月30天，而双月固定是小月29天。而农历则是根据朔日的时间来安排大小月，经常会出现连大月的情况。

有读者就会问，难道伊斯兰历法的编制者不知道朔望月的长度不是正好29.5天，而是29.53天吗？回答是，当然知道。

因此，尽管伊斯兰历是大小月交替安排，但为了考虑每个月多出来的0.03天，它也有独特的闰日安排。

伊斯兰历的闰日要怎样安排呢？由于这个0.03天的差别，使得每30个月就多出1天，也就是将近三年会多出1天。因此伊斯兰历法规定，大约每3年就在本年的最后一个月，也就是12月的月末，多加一天作为闰日。精确地说，就是在每30年中，安排11年，在这些年的年末多加一天，让12月从小月变成大月。因此，这一年的全年年长就从354天变为355天。这样一来，伊斯兰历也能较好地逼近朔望月的周期。

第三，除了年长的定义不同外，伊斯兰历每月的第一天（包括新年的元旦日），都规定为新月出现的第一天，这与农历每月的初一定为看不到月亮的朔日不同，在我国古代把每个月第一天能看到月亮的日子称为"朏日"，大约在初三日。

第四，伊斯兰历的每一天是开始于日落时分，结束于次日的日落。可见，在一天之中，黑夜在前，白昼在后。这也与我国传统的以每天的午夜作为新一天的开始有所不同。

现今，伊斯兰历法通行于世界上大多数伊斯兰国家。在与这些国家的人交往的时候，需要注意他们独特的历法和计时规则。

第四章

我国独有的历法——农历

　　"年"和"岁"有什么不同？元旦和春节是自古就有的吗？端午节是来源于屈原的故事吗？对于生活中常遇到的这些名词和节日，本章将从天文学的角度，为读者解读含义、揭晓起源。

▶▶▶

第四章
我国独有的历法——农历

农历中的气和朔

农历是阴阳合历，其本质是调整气和朔之间的关系，"气"代表阳历部分，而"朔"代表阴历部分。

我国现行的农历是怎样的

◇ 阴历部分

① 用严格的朔望周期来定月长，合理安排大小月

② 今农历采用定朔法，合朔时刻的那一天，定为初一

◇ 阳历部分

① 今农历采用定气法，二十四气把整个黄道一周等分为24分，决定了一年的不同季节

② 天文学上规定，从春分到下次春分的时间间隔，就是一个回归年，长度是365.2422日

年和岁

VS

"岁"是阳历的概念，每一岁都是一样长，约365.2422天

"年"是农历的概念，每一年都不一样长

岁首与新年合而为一，都是正月初一

何为正朔

"正"为正月，"朔"为初一。"正朔"就是正月初一

三正说

夏正以正月，殷正以十二月，周正以十一月分别作正月

一年两头春

两个立春如果包含在农历××年当中，一个在正月，一个在腊月，就是"一年两头春"

原因 这个农历年有闰月，导致农历年长大于回归年长

无春之年

农历××年没有年初的那个立春，也没有下一年的立春

元旦与春节

元旦 今：公历的1月1日；古：农历的正月初一

春节 今：农历的正月初一；古：立春节气

通过置闰方法调和阴阳

"十九年七闰"法

十九年七闰 每十九年挑选出七年分别安排一个闰月

默冬周期 十九个回归年的时间长度和235个朔望月几乎完全相同

① 在哪七年中安排闰月？
回归年与农历年相差一个朔望月时，就要设置闰月

② 在有闰月的年中，闰月应该安排在哪一个月？

"年末置闰"法

春秋时期 —— 把闰月放在一年的最后 —— 秦朝

"无中置闰"法

基于平气法 〉 把不包含中气的农历月，规定为闰月

"当闰则闰"法

基于定朔法和定气法

前提
一个回归年：从一个冬至到下一个冬至的时间间隔并且把冬至所在的朔望月，规定为农历的十一月

① 如果这一年含有13个朔望月，那么这一年就需要置闰月

② 把本年中第一个没有中气的朔望月设置为闰月

为什么闰四月和五月特别多

这段时间，地球在远日点附近，运动速度最慢，此时两中气的间隔达到了最大，大约31.44日

夏至与端午节

端午节在古代最早是为了纪念夏至而设置的节日
史书记载：吃粽子、龙舟竞渡是夏至节的风俗

端的真实意义

端是正中和最高的意思，而端阳是指阳气盛极，阴气即将回升，从天文上看，指的就是夏至

午的真实意义

午是午月，按夏历的习惯，从月序的排列看，午月正好排在第五，也就是数字的五月

混淆

五月初五

端午和屈原

屈原碰巧与端午有关联，于是便产生了最为广泛的"纪念说"之一

农历中的气和朔

作为中国的传统历法，农历是阴阳合历，它的本质就是调整气和朔之间的关系，"气"代表阳历部分，而"朔"代表阴历部分。在第二章中我们介绍了二十四气，它是中国传统历法中的阳历部分。在第三章中介绍了月相变化的周期朔望月，它是传统历法中阴历部分的天象依据，人们用它来确定每个历法月的长度，也就是大小月的设置。

我国传统的农历，有着两千多年的悠久历史，虽几经变革，但"调和阴阳"的核心思想不曾改变。在有关阳历的"气"的调整方面，历史上有平气法和定气法，在有关阴历的"朔"的调整方面，历史上有平朔法和定朔法。

这里把我国古代历法中调整气和朔的各种方法的时间顺序总结一下：上古时代，气和朔的调整比较混乱，没有什么固定的方法。最晚到周代，开始用平朔法和平气法。到了唐朝初年的李淳风时代，改为定朔法，而平气法没有改变。到了明末西方天文学进入中国时，把平气法改为定气法。这就是说，从清代开始，我国的历法采用的是定朔和定气，此时的气和朔与唐朝之前完全不同，一直到今天的农历，都是这样。

下面先来看看我国现行的农历是怎样的。先来看阴历部分。

第一，我国的农历是用严格的朔望周期来定月长的。通过合理安排大小月，使得在一定时间范围内，历月的平均长度，尽量等于平均的朔望月长度。

第二，由于现行农历采用定朔法，把太阳和月亮所在黄道经度相等的时刻所在的那一天，定为农历的每个月的初一。这样一来，由于每个朔望月的长度不一样，因此在农历的一个月中，圆月之日或者望日，是不是在农历的十五是无所谓的。这是定朔法的本质。

再来看阳历部分，就是按照太阳的运动情况，来确定农历一年中二十四气的时刻。天文学上规定，从春分到下次春分的时间间隔，就是一个回归年，长度是365.2422日。回归年是阳历年的周期，现行的公历就是把这个周期作为历年的长度。这与我国的二十四气的时间体系是一致的。

由于现行的农历采用的是定气法，一年的二十四气把整个黄道一周等分为24份，两个节点之间黄道经度相差15°。太阳每经过一个节点，就是一气的时刻。例如，夏至点的黄道经度是90°，当太阳沿着黄道，运动到经度等于90°的那一点的时刻，就是夏至。由于二十四气完全与太阳的运动有关，因此决定了一年的不同季节，对应一年中不同的气候与温度，它与自然和农作物的生长节律密切相关。尽管二十四气不出现在农历历法的表面，但是为农历提供了阳历部分的参考依据。

调和阴阳

古人早就发现，一个阳历年大约包含12个朔望月。朔望月的平均长度大约为29.53日，通过设置大小月，来达到每个历月的平均长度近似等于朔望月。

让我们假定一年的12个朔望月中，大小月各半，这样一来，12个月的长度，就是12乘以29.5，等于354天。显然它与一个回归年的长度365.2422天相比，少了11天多。假如一个农历年只有12个月，那么阴历和阳历就相差了11天。很显然，只需要三年的时间，阳历就比阴历多出33天多，也就是一个月。随着时间的推移，二者之间会相差越来越远。十年差一个季节，十五六年就会出现"六月飞雪"的奇观。

作为阴阳合历，农历就要考虑把回归年周期与朔望月的周期相调和。怎样进行阴阳的调和呢？设置闰月。通过设置闰月，使农历一年的平均长度与回归年相近。

与公历中常说的二月是闰月不同，农历的所谓闰月，是多加一个月。就是在有闰月的这一个农历年中，全年包含13个月，除了12个正常的朔望月之外，人为地多加一个月。由于多了这个29天或者30天的闰月，就可以让农历年长，与回归年的周期相对应，从而让农历年不会与回归年偏差太远。这一特点，也是农历区别于纯阴历历法的地方。

默冬周期与闰月

接下来的问题就是农历如何设置闰月，也就是要隔多长时间，设置一次闰月呢？

最早人们推算的规律是"三年一闰"。前面已经指出，一个回归年和12个朔望月的农历年，长度相差11天，三年就差33天。假如此时多加一个闰月，就可以有效地抵消这个多出来的30天，让二者的偏差迅速减小。

不难发现，"三年一闰"的方法是比较粗略的，时间长了也会出现偏差，于是后来就改成"五年两闰"。随着历法计算的逐步精确，最终定型为"十九年七闰"。所谓"十九年七闰"，就是在每19年中，挑选出7年来，在这7年中分别安排一个闰月。这个数字是怎么得到的呢？

古人在天文观测的基础上，发现19个回归年的长度，和235个朔望月的长度，几乎是相等的。我们不妨来计算一下，一个回归年是365.2422天，19年就是6939.6天，而235个朔望月的长度，是235乘以29.5306天，等于6939.7天。可以看到，这两个数十分接近。这个大的时间周期在西方称为"默冬周期"。

默冬是古希腊时期的天文学家，他在公元前432年的奥林匹克运动会上宣布了这个天文周期。不过，据说在此之前的美索不达米亚人早已发现了这个周期。而在中国，最晚到公元前五世纪的春秋末年，人们也已经发现了19年是一个闰周，提出了"十九年七闰"的规则。这比默冬要早大约一百年。在《周髀算经》中，把19年称为一章，因此这其中的7次闰月，就叫作"一章之闰"。

闰月安排在哪里

"十九年七闰"法是指在19个农历年中插入7个闰月。在有闰月的那一年，全年有13个月，长度是354天加上30天或者29天，也就是有闰月的那一年，长度为384或者383天。那么接下来就有两个问题：第一，到底要在哪7年中安排闰月？第二，在有闰月的年中，闰月究竟应该设置在什么时间？

第一个问题，比较容易解决。只需要按照时间顺序一年一年地计算，什么时候回归年与农历年相差一个朔望月的时候，就需要设置闰月了。这种方法实际上是根据闰余来安排闰年。这样的好处是不会让二者的误差在下一年中拉得更大。计算的结果是，在19年中，要在第3、6、9、11、14、17和19年中设置闰月。

第二个问题，这个闰月应该安排在哪一个月？

由于中国古代传统比较重视年首，那么为了让年首比较固定，在春秋时期开始，人们就把闰月放在一年的最后，就是在最后一个月的后面，加上一个闰月。等这个闰月过去之后，就是新一年的年首了。这就是所谓的"年末置闰"法。这个习惯一直沿用到秦朝。我们知道，秦朝以十月作为每年的第一个月，因此，那时的年末置闰就是在前一年的九月后面加上一个闰月。秦朝的时候，把这个闰月叫作"后九月"。

无中置闰法

按照"十九年七闰"法，的确可以协调回归年与朔望月。但需要注意的是，"十九年七闰"也并不是精确的结果。经过计算发现，19个回归年和235个朔望月的长度之间，仍然存在误差，因为19*365.2422–235*29.5306 =0.0892天，也就是说，每过19年，二者之间就会有0.0892

天的误差。这样一来，每过213年就会积累出现约1天的误差，而这1天的差是不能随便忽略的。因此，即使按照"十九年七闰"，农历每一两百年就需要修正一次。正因为这样，到了西汉初年的太初历，就改为"无中置闰"法。

什么是无中置闰法呢？这里的"中"，指的就是中气。在学习二十四气的时候讲过什么是中气。一年的二十四气，有一半是中气，一半是节气。假如从立春开始，第1、3、5等奇数位置的是节气，那么第2、4、6等偶数位置的就是中气，例如，雨水、春分等都是中气。

我们知道，到秦汉年间，二十四气已完全确立。二十四气是阳历，把它引入历法，可以保证农历的各个月与实际的季节不会脱钩。人们发现，如果把12个中气，分别与一年的12个月对应起来，就能保证季节的对应。

例如，可以规定第一个中气雨水，必须落在农历的正月里，第二个中气春分，必须落在农历的二月里，以此类推，直到冬至必须在十一月里，而大寒必须位于十二月里。总之，只要坚持以上原则，来排布农历的各个月，就可以使得历法与自然相和谐。

既然农历的12个月，每个月都有一个中气相对应。那么又怎么会出现闰月呢？

我们不妨再来简单计算一下，前面讲过，我国古代几乎一直都采用平气法，而定气法是清朝时才采用的。下面就按照平气法来计算。

一个回归年的长度是365.2422日，全年有12个中气，既然平气法是按照时间来平分一年的长度，于是两个中气之间的时间间隔，平均就是365.2422除以12，等于30.4368日。

但是，朔望月的平均长度是29.5306日，显然，它比两个中气的时间间隔要小。这样一来，就会出现某个朔望月，从初一到月末，全都刚好落在两个中气之间的情况。比如，上一个中气落在农历上一个月的月末，而下一个中气落在下一个月的头几天里，这样的话，在这个月之内就没有中气了。

"无中置闰"法就是把不包含中气的农历月，规定为闰月。公元前104年汉武帝时期制定的《太初历》，正式开始采用无中置闰法。

农历的置闰法，从十九年七闰法变成无中置闰法，从原理上看，是更加合理了。尽管无中置闰法实际上也是在19年当中会出现7个闰年，从表面上看与十九年七闰法一样。但是，它在置闰时，考虑了二十四气的阳历时间节点，能把阴历和阳历更好地调和起来。

具体来说，十九年七闰法，并没有明确在需要置闰的那一年，到底把哪个月置闰。而无中置闰法，则是一箭双雕，不但满足了十九年七闰的周期，而且还明确了在闰年里面，到底把哪个月定为闰月的规则。由于它是把无中气的那个农历月设置为闰月，这样就能很好地保证阴历的朔望月和阳历的二十四气之间的一一对应关系。应该说，无中置闰更能体现农历作为阴阳合历的性质，保持了阳历和阴历两全其美的特点。

补充说明一点，我们知道，农历的每个月都有名称，例如，正月、二月、三月，一直到腊月，但是闰月是没有单独名称的，它的名称需要跟随它前面的那个农历月来命名。例如，某一年农历四月后面的那个月假如不包含中气，按规定就需要把它置闰，于是就把这个闰月叫作"闰四月"。

当闰则闰法

自从汉朝初年开始，无中置闰法一直被各代历法所采用。但是，到了清朝，由于对二十四气的划分方法，从平气法改为定气法。也就是说，二十四气不再按照一年的时间长度来等分，而是按照太阳在黄道上运动一周的轨迹，从空间长度上等分24份。而无中置闰法是基于平气法的。

我们知道，今天行用的农历采用的是定气法，不能用前面的方法来计算两气之间的平均时间长度，而是要具体看两个中气点之间到底有多少天。这样一来，就有可能出现，在一年当中有两个不包含中气的朔望月。假如继续采用无中置闰法，那这一年就有可能出现两个闰月，显然，这是不符合自然规律的。因此新的置闰方法和古代的无中置闰法有所不同，叫作"当闰则闰"法。

尽管现代天文学把一个回归年定为从一个春分到下一个春分的时间间隔，但是在中国传统上，还是习惯把冬至作为一个回归年的起始点。因此，农历在计算置闰时，一个完整回归年的时间周期是从一个冬至到下一个冬至的时间间隔，并且把冬至所在的朔望月，规定为农历的十一月。这些是前提。

我国现行农历的置闰方法就是"当闰则闰"法。

农历的某一年是否要置闰，首先，要看在两个冬至点之间的那一年（不包含后面那个冬至所在的月）包含有几个朔望月。如果只含有12个朔望月，这一年就不置闰，即便是在这一年中有不包含中气的朔望月，也不置闰。如果这一年含有13个朔望月，那么这一年就需要置闰月。

其次，如果要置闰，那么闰在几月呢？这需要视节气而定。农历置闰月的规则是，把本年中第一个没有中气的朔望月设置为闰月，这个没有中气的朔望月跟在哪个月后面就叫作"闰几月"。这一点与无中置闰法是一样的。

需要强调，实际上在一年中可能会出现多个不含中气的朔望月，而现行的农历规定，把第一不含中气的月作为闰月，其余的不管。此外，自古以来，人们一般习惯不把正月和腊月置闰。另外，因为冬至所在的月，固定作为十一月，因此一般也不闰十一月。所以，最终能够置闰的就是农历的二月到十月。

以上就是农历的置闰规则，完全是根据定朔法和定气法。

目前，中国的官方纪历采用的是西历（格里高利历），因此，年历都是以西历年的周期为主导，而附上农历年的信息，也就是说，年历以公历的1月1日为起始，至12月31日结束，然后，根据农历历法推导出的农历日期信息，附加在公历日期信息上形成双历。通常情况下，一个公历年周期并不能完整地对应到一个农历年周期上，二者的偏差也不固定，因此不存在稳定的对应关系，这也就意味着，不存在从公历的日期到农历日期的转换公式。前文已述，根据农历的历法规则，制定农历日期与公历日期对应关系的权威机构是中国科学院紫金山天文台。公众需要关注该机构发布的《中国天文年历》来确定农历日期。

现行农历的由来

作为阴阳合历的农历，是通过设置闰月，来调和阴历的朔望月和阳历的二十四气的。

提醒读者注意，农历闰年的设置，和我们平时使用的公历中所谓的"闰年"，是完全不同的概念。在公历中，闰年是指在某些年份，把2月的28天多加一天，变成29天。这种置闰方法实际上应该叫作"闰日"。而中国的农历，是在某些年中多加一个月，这是真正的"闰月"。

纵观我国历法的置闰演变历史，从最早的无固定闰周，到殷商时代的"三年一闰"，发展到春秋采用更加精确的"十九年七闰"法，到西汉时期把二十四气引入历法中，创新性地采取"无中置闰"法，并一直沿用到清代。1645年，清代历法《时宪历》开始采用定气法，由于各节气时间长度不一，导致在一年中会出现不止一个没有中气的月，于是又逐渐加入了其他限制条件，这就导致现行农历的置闰规则——"当闰则闰"法。

总之，虽然现代的农历置闰方法稍微复杂了一些，但是基本沿用了汉代的无中置闰的规则，也就是《汉书·律历志》中所写的"朔不得中，是谓闰月"。

我国的历法史就是一部不断改革的历史。古人沿着一条正确的认识路线不断改进历法，力图越来越精确地符合大自然变化的规律。每一次大的改革，都是围绕着怎样调整以二十四气为标志的阳历，和以朔望月为标志的阴历，它们都以不违背农时为原则，采取适当的置闰规则，并随着时代的进步，逐步演变提高。

我国现今正式使用的历法是西历，以西元纪年，把农历作为辅助历法，采用干支纪年。农历作为一种阴阳合历，它是中国特有的传统历法。不过可能很多读者并不清楚，农历这个名称在史书上恐怕查不到，为什么呢？因为，农历这个名词是1970年才有的。

农历是我国传统历法的传承和发展，它的主要原则从西汉时期就定型下来了，并一直沿用到清末，长达2000多年。虽然经过多次修改，但基本思路没有改变。在古代帝王时期，这套历法习惯按照颁布时的帝王年号来命名。

自从辛亥革命、中华民国建立，1912年开始改用西历作为官方历法，废止了延续几千年的传统历法，并采用民国纪年，因此1912年也称为民国元年。1949年中华人民共和国建立，沿用西历，改民国纪年为公元纪年，但是保留了我国传统的历法。不过，这个传统历法却没有正式命名，因此，它在大众中有好几个名称，例如，旧历、夏历、中历，民间也有称阴历的。之所以叫旧历，是相对于新采用的西历而言的。之所以叫夏历，则是因为它的正月是在寅月，这是古代夏正传统，因此称为夏历。

可见那时候对传统历法的称呼一直比较混乱。到了1970年，政府正式将其命名为"农历"，因为一方面我国自古以农业立国，这套传统历法一直起到指导农业生产的作用，另一方面，现实的情况是传统历法在农村使用的比较普遍，所以从那时起，报纸统一称其为农历。

农历是中国几千年传统历法的结晶，具有深厚的文化内涵，同时，农历作为特殊的阴阳历，能够反映季节、农时、潮汐规律，这使得它在日常生活、农业生产、渔业生产、防汛抗洪等方面也具有广泛的实用价值。然而，长期以来，公开发行的农历日历之间存在日期编排不一致、节气时间不一致，甚至重要传统节日不一致等问题，这引起了公众的困惑和使用上的混乱。

为了保证农历编算的准确性和权威性，有效维护农历作为国家历法的统一性和严肃性，2017年颁布了国家标准《农历的编算和颁行》，首次将农历的编算和颁行纳入国家标准范畴，填补了农历历法规范的空白。这部国家标准包括两部分：编算部分和颁行部分。编算部分规定了农历的编排规则、计算模型和精度以及农历的表示方法，颁行部分则规定了农历的颁行要求。

在这个农历的标准中，除了明确上面所述的农历置闰规则等之外，还明确了农历年以正月初一作为第一天，也就是说，农历年的变更是在每年的正月初一，从这一天的零时起更改纪年的干支。例如，西历2021年2月12日是正月初一，从这一天的北京时间零时起，农历纪年从庚子年，变为辛丑年。当然，该年十二生肖属相的改变是在正月初一。这一规定与民间普遍采用的以立春日作为纪年干支改变的时间节点的习惯，是不一样的。

容易出现闰月的月份

在没有闰年的时候，农历全年有12个月，总长354天，或者355天，极少数年份有353天。在有闰年的时候，农历全年有13个月，总长384天，或者383天，极少数年份有385天。为什么会是这样的规律呢？究其原因是因为我们现在的农历采用的是定朔法和定气法。

下面来看一个农历闰年的例子。2020年，从公历的角度看，这一年是闰年，2月有29天。从农历的角度看，这一年闰四月。为什么会有闰四月呢？我们来看看，2020年的农历四月是大月，从初一到三十日，对应的公历日期是4月23日到5月22日，其中农历四月二十日是小满这个中气。而下一个农历月则是小月，从初一到二十九日，对应的公历是5月23日到6月20日。在这个农历月中，只有芒种这个节气，却没有中气夏至，实际上这一年的夏至恰好落在了6月21日，不在这个农历月里。这也就是说，农历四月之后的这个月里没有中气，所以，它就应该是闰月。由于它前面的那个农历月是四月，那么这个闰月就叫作闰四月。

翻看历史资料，会发现自从采取定气法以来，从没有出现过农历闰正月、闰腊月的情况，而闰四月和五月却特别多。为什么会这样呢？

如果采用的是平气法，那么在一年中，中气与中气的时间间隔都是一样的，根据无中置闰法，一年中的各月都有作为闰月的机会。但是采用定气法就不一样了。定气法是把太阳运动的黄道从角度上等分24个节点，分别对应于二十四气。前面说过，地球绕太阳运行的轨道是椭圆形。地球离近日点越近，运动就越快，相反地，离远日点越近，运动就越慢。反映到天空中，就是太阳在黄道上的运动速度有快有慢，这样就使中气与中气之间的时间间隔不相等。

譬如，每年从春分到秋分，有186天多，在这段时间里，两中气之间的间隔都超过它的平均值30.4368日，尤其是在夏至到小暑的这段时期，地球在远日点附近，运动速度最慢，此时两中气的间隔达到了最大，大约31.44日，在这前后附近的两中气的间隔也都在31天以上，这样就使得在这段时期里，每个农历朔望月中不包含中气的机会变多，这就是闰四、五月特别多的原因。

从秋分到第二年的春分，却仅有179天，在这段时期里，两中气之间的间隔，除秋分到霜降是30.37日外，其余都比较短，只有29天多，所以在这段时间里，农历朔望月要长于中气的间隔，就有可能一个月里包含有多个气，一般不会没有中气，这就使得置闰的机会变少了。特别是在冬至前后，地球接近近日点，它的运动较快，使两中气之间的间隔较短，所以农历十一月、十二月、正月一般总是能够包含两气，即一个节气和一个中气，有时甚至还会出现一个月包含有三气的情况，也就是一个节气和两个中气，或二个节气和一个中气。例如，1984年农历的十一月中就含有冬至、小寒和大寒，一共三气。这就是农历没有闰十二月、闰正月，极少出现闰十一月的原因。

神奇的 2033 年

如果要刨根问底，是否真的没有闰正月和闰十二月呢？

假如翻开公元2034年的日历，就会发现那一年的农历正月，不包含雨水这个中气。按农历的置闰规则，2034年就应该是闰正月。但是，实际上，并没有闰正月发生。这是怎么回事呢？

前边说过，农历没有闰正月和闰腊月，但并没说不能闰十一月，换句话说，虽然闰十一月比较少见，但是也会有。2033年就是农历闰十一月。在过去的200年里，从没有出现过闰十一月，在未来一百年里，也不会再有闰十一月。

闰十一月的确很不普通，因为农历规定，要把冬至所在的农历月定名为十一月。而冬至是中国历法中最重要的节气时间点。所以它所在的十一月，如果出现闰月，本身就很特殊。

2033年注定是一个历法上不平常的特殊年份。那一年，农历七月之后的那个月，不包含中气秋分。同时，农历十一月之后的那个月，也不包含中气大寒。也就是说农历2033年有两个不包含中气的朔望月。按照农历置闰规则，似乎是第一个不含中气的月要置闰，也就是说2033年要闰七月。

但是，这一年情况比较复杂，在公历2032年年末的冬至，到2033年年末的冬至之间，不包含2033年的那个冬至所在的月，一共只有12个朔望月，这样一来，即便在这个农历年中有不含中气的月，这一年也不能置闰。因此2033年的农历没有闰月，不能闰七月。

同样的规则，从公历2033年年末的冬至，到2034年年末的冬至之间，不包含2034年的那个冬至所在的月，一共有13个朔望月，这样一来，2033年农历十一月之后的那个不含中气的月，就只好成为闰月了。于是就出现了历史上罕见的闰十一月。

到这里事情还没完，2033年农历的十一月后面的那个月需要置闰，然而，两个月之后，也就是2034年的农历正月，它竟然不含中气雨水，那么按照已有的规则，是不是要闰正月呢？答案是，这一年不再闰正月了。因为在两个冬至之间，只能设置一个闰月，不能有两个闰月。既然2033年农历要闰十一月，那么2034年的农历正月，就不再置闰了。

好险啊，差一点就出现了闰正月。怎么样，有没有觉得2033年特别神奇呢？

总之，由于农历采用定气法，使得两气之间的时间间隔总在发生变化，另外，农历还采用定朔法，因此，每个朔望月的实际长短也在发生变化。在这两个变量的共同作用下，使得在农历的一个朔望月中会出现包含一个气、两个气，甚至三个气的情况，而且这种复杂情况的出现，往往没有明显的周期性。极端的情况下，还会出现与现有规则矛盾的地方。在这种情况下，由官方天文机构出面，统一发布年历的重要性就显得尤其突出了。

岁自为岁，年自为年

唐代诗人刘希夷的名诗《白头吟》："洛阳城东桃李花，飞来飞去落谁家？已见松柏摧为薪，更闻桑田变成海。古人无复洛城东，今人还对落花风。年年岁岁花相似，岁岁年年人不同。"那么，"年"和"岁"真的有什么不同吗？

在不少人看来，"年"与"岁"是一个意思，而实际上差别很大。我们平时问别人年龄，常说的是"您多大岁数"？问孩子时，我们常说"你几岁了"？可见，人们习惯用"岁"来定义年龄。如果问别人"你几年了？"是不是显得太怪异了？年、岁这两个字，现代中国人每天都在用，但很多人说不明白它们到底有什么差别。

战国时代的《尔雅》是第一部汉语词典，作为辞书之祖，其第八篇《释天》对天文名词给出了标准解释。它说："载，岁也。夏曰岁，商曰祀，周曰年，唐虞曰载。"这是它对与年岁相类似概念的解释。如此看来，"载—岁—祀—年"似乎是同一个名词在不同年代的演变。但实际上，在甲骨文中，岁与年是两个完全不同的字。要知道，古人造字不会重复浪费。如此看来《尔雅》的解释容易让人糊涂。

实际上，从天文的含义来看，岁和年的差别相当大。对二者的区分，其实周代就有记载，到汉代时，学界已达成共识。

中国是礼仪之邦，古代的《周礼》《仪礼》和《礼记》合称"三礼"，是记录中国古代礼乐文化的经典，对历代礼制影响深远。东汉时期的经学大师郑玄为《周礼》作了有史以来最为出色的注，从此《周礼》一跃而居"三礼"之首，成为煌煌大典的"十三经"之一。

在《周礼·春官》中记载了古代天文官，也称"太史"的职责，是"正岁、年以序事"。郑玄在注中写道："中数为岁，朔数为年。中朔大小不齐，正之以闰。"这句话可谓一语中的，他的解释很明白：岁是根据二十四节气这一阳历历法来定的时间周期，而年则是指农历年的年长。二者大相迥异！这里，郑玄所说的"中"，指的是二十四节气里面的中气，而"朔"就是农历的朔望月。

首先，准确地说，"岁"指的是从某一个中气开始，到下次再到这个中气为止，这之间的时间间隔。在中国古代，人们最重视的是冬至，那么从今年的冬至到明年的冬至，这中间的时间间隔就是所谓的一"岁"。当然从原理上看，在二十四气中，一岁可以任何一气作为开始和结束，长度都是一样的。除了冬至，古人也常把立春作为一岁的开始。

可见，"岁"完全是阳历历法的概念，在现代天文学中，实际上对应的就是回归年。它的长度是固定的，大约是365.2422日。所以我们问人年龄的时候，应该用"岁"这个字。因为它是一个时间长度的标准，可以衡量一个人从出生到现在的时间长短。

其次，再来看"年"这个概念。

郑玄说："中数为岁，朔数为年。"他所说的"朔"，指的就是农历的朔望月，那么年显然与朔望月有关。郑玄说要以朔望月来计数，就能知道一年的长度了。例如从今年的农历正月初一，到明年的正月初一，这之间就是一年的年长。

我们知道，假如每一年只有12个朔望月，那么全年长354天左右，这个数值与回归年（一岁）的长度差了11天。怎么让它们保持一致呢？郑玄说："中朔大小不齐，正之以闰。"这就是农历置闰月的方式，可以让二者尽量对齐。

农历每年的年长不相同。平年包含12个月，从正月初一到除夕，全年一共有354天左右。而在闰年，就包含13个月，从正月初一到除夕，全年有384天左右。二者长度相差30天！可见，假如用"年"来计算人的年龄，的确显得不妥。

最后总结一下："岁"是阳历的概念，每一岁都是一样长365.2422天。而"年"是农历的概念，每一年都不一样长。

没想到吧，岁和年这两个字，竟然有这么大的差别！所以说虽然"年年岁岁花相似"，但人的岁数却不用年来表示，因此"岁岁年年人不同"。

一年两头春

民间有个说法，叫作"一年两头春"，这是在一个农历年里，包含了两个立春的意思。

大家不妨打开日历看一看，农历2020年就是这样。农历2020年的正月初一，是在公历2020年1月25日，而最后一天腊月三十，是在公历2021年的2月11日。再来看立春节气：2020年的立春是在公历2020年2月4日，农历2020年正月十一。而2021年的立春，是在公历2021年的2月3

日，农历2020年的腊月二十二。可见，这两个立春果然都包含在农历2020年当中，一个在正月，一个在腊月，真是"一年两头春"。

为什么会这样呢？原来，农历2020年有闰四月，因此这个农历年包含13个朔望月，全年一共有384天。因此它比太阳历的回归年365.2422天长19天，由于二十四气同样也是阳历历法，因此这一个农历年就会包含至少25个气，于是它的首尾两头就把两个立春都包含进来了。可见，"一年两头春"往往是因为这个农历年有闰月的缘故，所以导致农历年长大于回归年长。

由于农历2020年有13个月，年长比较长，因此第二年，也就是农历2021年就没有闰月，而是一个平年，一共有12个朔望月，全年长354天，这样一来，就出现农历2021年所含有的节气不足24个的现象。

翻开日历可以看到，农历2021年的正月里不包含第一个节气立春，因为它属于农历2020年。更有甚者，农历2021年的除夕是在公历2022年1月31日，而立春则是在4天以后的2月4日。换句话说，农历2021年不但没有年初的那个立春，也没有下一年的立春，这就是所谓"无春之年"。

我国自古人们都重视立春这个节气，有些人会迷信地认为没有立春的年份是不吉利的，相反，把包含两个立春的年份看成是喜庆的年头。显然这是没有科学依据的。究其原因，不过是因为一岁的长度，也就是回归年的年长是固定的，而农历年的长度是不固定的，平年的年长比一岁短，而闰年的年长又比一岁长的缘故。

这种一年中有两个立春，以及不含立春的农历年，每隔几年就会出现一次。在20世纪，这两种情况就分别各自发生了35次之多。

双春双雨水

我们知道，农历2020年是闰年，有384天，包含了25个节气，一头一尾都有立春。这其实并不特殊，有的农历年，竟然包含了26个节气呢。它不但囊括了下一年的节气立春，甚至连下一个中气雨水也都包含了进来。

翻开日历看一看农历1984年，就是这样的情况。这一年农历闰十月，全年长384天，虽然没达到385天的时间最长极限，但是这个农历年却开始和结束得恰到好处。它的正月初三是立春，而到了腊月十五，又是下一年1985年的立春，而且就在腊月三十除夕这最后一天，正好又赶上了雨水。你说巧不巧？

这种巧合的年份可不多见。一般来说，包含双立春双雨水的年份，必定是有闰月的农历年份，但是有闰月的年份，未必都会出现双立春和双雨水。从历史上看，只有当这一年的立春出现在正月初一到初四期间，而正好又赶上腊月三十这一天恰巧是下一年的雨水，那么这一年才会有双立春和双雨水。除了1984年之外，历史上类似的年份，是1832年和1851年。而下一次双立春双雨水的年份，是神奇的2033年。农历2033年，把下一年的雨水都包括进来了，也就是说，农历2033年包含26个节气。就让我们拭目以待这个神奇之年吧。

欢欢喜喜中国年

北宋时期的政治家、文学家王安石的名诗《元日》中有："爆竹声中一岁除，春风送暖入屠苏。千门万户曈曈日，总把新桃换旧符。"过一个喜庆和热闹的年，是中国人的幸福生活内容之一。这里面也有天文历法的知识呢。

年和岁都是时间的周期，那么它们自然就要有一个时间节点，作为每一个循环往复周期的起始。年的第一天，叫作"新年"，岁的第一天，称为"岁首"。前面讲解过年与岁的区别：年是阴阳合历的概念，而岁则指的是阳历的回归年。因此，新年和岁首，就分别是阴历和阳历的时间起点。

既然年指的是从正月初一到腊月的除夕这个时间周期，那么新年习惯上就是指正月初一这一天。古人把一岁更新的日子称为"岁首"，既然岁是阳历的概念，岁首，当然也是阳历的时间节点。那么岁首应是在什么时候呢？

《后汉书·律历志》中有："日周于天，一寒一暑，四时备成，万物毕改，摄提迁次，青龙移辰，谓之岁。岁首至也，月首朔也。"

这段话表明，四时往复的太阳回归年就是一岁。"月首朔也"指的是每个月的月首第一天称为朔。那么，"岁首至也"是指这个岁首所在的日子，在历法上就是"至"。这里的"至"就是冬至、夏至。

我们知道，在周代以前，人们就掌握了立竿测影的方法，能够标定东南西北的方位、确定一日内的不同时刻。后来发明了圭表，在每天正午的时候，用它来测量太阳投射的影子长度，从而测知一年的周期。

在测量影子的时候，人们发现每年中只有一天，在正午的时候，太阳在圭表上投射的影子达到最长。这表明，太阳在这一天，到达最偏南的位置，这一天白天的时间最短，这时的天气寒冷，正是隆冬的时节，因此就把这一天叫作冬至。《后汉书·律历志》中所谓的"至"指的就是冬至。

中国人自古最重视冬至，因为从这一天起，白天越来越长，周而复始，岁月开始新的轮回。按照传统易学的理论，寒暑的变化是由于阴阳二气变化的结果。在一年中，冬至这一时刻，阴气达到了极盛，自此以后，阳气开始上升，阴气逐渐下降，因此有"冬至一阳生"之说。同样，到了夏至，阴气降到了极低，阳气达到了极盛，自此以后，阳气下降，阴气上升，直到下一个冬至，阳气降到极低点，阴气再次达到极盛。如此循环往复，形成周岁的变化。

冬至是二十四气中最重要的一气。《淮南子·时则训》中记载，在每年的十一月"日穷于次，月穷于纪，星周于天，岁将更始"。要知道，农历的十一月就是冬至所在的月，一岁更始，正在此时。

冬至大如年

自古以来，人们一直都把冬至当作一元复始的日子。每年在冬至前夜，周天子都会亲自带领诸侯公卿和文武百官，来到都城的南郊圆丘，登坛祭天。从那时起，冬至祭天的传统延续了两千多年，一直到清末。北京的天坛就是明清帝王们冬至祭天的专用场所。

在冬至时，除了帝王祭天，在民间也有祭祖的习俗。同时还要向父母、师长、老人拜节。有的地方一直流传着冬至节向老人献鞋袜的风俗，意义在于敬老。

据传说，先秦的君王每逢冬至，都要连听五天音乐，不再上朝。百姓也可以在家作乐。而据记载，汉朝的帝王冬至这一天要在宫内听"八音"，就是对先秦天子传统的集成。五音和八音，象征着古时历法曾用"五时"和"八节"来划分。

此外，从音律与历法的关系上看，冬至对应的是五音十二律中的黄钟。要知道，在所有音律中，黄钟是最中央的音，是定其他音律高低的基础音律。因此，在讲究礼乐的周代，把冬至当作岁首很自然。

据《帝京岁时纪胜》记载，明朝正统年以前，无论是官方还是民间，冬至节都很热闹，在国家为大典，在民间也相互拜贺。自从明代宗之后，冬至节才被废掉。不过在民间仍然保留有"冬至大如年"的说法。

冬至节的传统食品是馄饨。从明清时期开始就有"冬至馄饨夏至面"一说。为什么要吃馄饨呢？据说是因为馄饨颇似天地混沌之象，而宇宙正是在原始的混沌状态中变化而来的。冬至吃馄饨，象征天地混沌的变化从这一天开始，也就是纪念开天辟地的伟大功绩。

那么为什么纪念开天辟地要在冬至这一天呢？因为冬至作为最特殊的一个时间节点，古人把它作为多种时间周期的开端。除了一岁之外，在古代历法中，还把冬至作为历元来对待。"历元"是指历法中所有时间的总开端。古人认为那是所有天体运动的初始状态，正是天地开辟的时刻。因此，为纪念冬至这个天地开辟的日子，这一天要吃馄饨。

岁首的沿革

周代时，冬至成为一岁之首。到了春秋时代，诸子百家自有主张，战国扰攘，群雄并起，各自为政。在这精彩纷呈的先秦时代，越来越多的人不把日益衰微的周天子放在眼里，可谓是"史不记时，君不告朔"，完全乱了套，用孔子的话说叫"礼崩乐坏"。

于是，各诸侯国纷纷制定自己的历法，于是从这个年代开始，岁首的概念变得模糊起来。

在战国七雄之首的秦国，备战是其第一要务，没有精力制定自己的历法，基本沿用了古代六历之一的颛顼历，把二十四气中的雨水所在的月作为正月。

不过秦王在颛顼历的基础上有所发挥，把每年的十月初一，当作秦国一岁之首。也就是说，秦国的岁首是十月初一。这一独特的历法，一直沿用到了始皇帝嬴政横扫六合之后的秦朝。

岁首自此偏离了其阳历的本源，开始与阴阳合历相结合。在阅读秦代文献的时候，读者要注意这一特点：秦时的一岁，始于十月初一。

秦朝时日无多，二世而亡。转眼到了汉朝，刘氏一开始仍然以安邦为首要，继续沿用秦朝历法。到了汉武帝刘彻，终于下决心来制定新历法。实际上，从周代到汉武帝时，旧历法已经沿用了几百年，误差累积相当大，越来越不准了，也必须要进行新的修订。

于是汉武帝下发了一系列的诏书，又经过十分诡异的人事安排，反复好几次，历时好几年，终于在公元前104年，汉武帝元封七年，推出了我国历史上第一部皇家历法——太初历。这部开创性的历法奠定了中国传统历法的基础，它的很多原则，一直沿用至今，如"无中置闰"等。太初历是一部阴阳合历，由于皇家采用，奠定了其合法地位。此后历朝历代都在它的基础上继续修订和发展，形成一家独大的局面。今天我们使用的农历就是从太初历一脉相承而来的。

太初历把二十四气引入历法中，作为农历置闰的计算依据。从此，阳历概念的二十四气也不再被当作独立的历法体系，而只是作为阴阳合历的组成部分。其中的冬至、立春等节气的地位也就此降格。难怪今天很多人误以为二十四节气就是农历。

总之，自汉武帝的太初历开始，岁首与新年合而为一，都是正月初一！这一体系传承了2000年，岁首本出自阳历二十四气的观念，慢慢地彻底淡出了人们的记忆。因此，自秦汉以后，人们看到的大部分书籍，在提到岁首的时候，都与阴阳合历的新年并称。也就是，越来越少人知道"新年"和"岁首"这一阴一阳历法概念的差别了。

何谓正朔

我们知道，农历的一月也称为正月，"正"读作zhēng。正月初一就是新年。

"正月"一词最早见于孔子修订的中国第一部编年体史书《春秋》。在《春秋·隐公元年》中有"元年春，王正月"。在《诗经·小雅》中有："正月繁霜，我心忧伤。民之讹言，亦孔之将。"那么，正月的"正"从何而来呢？这要从历法在中国古代的至高地位说起。

《史记》中说："王者易姓受命，必慎始初，改正朔"，按照传统，在古代王朝统治更替时，一定要先"改正朔"。这里的"正"为正月，"朔"为初一。"正朔"就是正月初一。而"改正朔"意味着制定和颁布新历法，重新定义新年岁首。

古代帝王在新政时，最讲究权力地位的合法性和唯一性，强调正统性，所谓"名正而言顺"，那么正朔就最能体现正统。制定新的历法，在新年岁首颁行天下，这叫作"颁朔"。而人们服从帝王的统治，就要依照他的历法行事，叫"服从正朔"或者"奉正朔"。于是作为岁首的一月，就有了政治色彩，被称为正月，"正"读作zhèng，音同政治的"政"。

据说秦王嬴政出生在正月，所以取名为"政"。在他做了始皇帝后，为了避他的名讳，正月的"正"才改读zhēng，音同"争"。

《史记·历书》记载"昔自在古，历建正作于孟春"。这里的"建正"就是"把正月定在"的意思，司马迁认为，正月作为新年岁首，一年之计在于春，正月意味着春天的到来，而孟春是春天第一个月，所以正月应该对应孟春月。

那么什么是孟春月呢？它是古代对于一年各个月的一种称呼。我们知道，古人习惯把一年分为"春夏秋冬"四时，每一时中又包含三个月，即春三月、夏三月、秋三月和冬三月。

这每一时中的三个月，又该分别怎样称呼呢？古人把兄弟姐妹按岁数排行，从长到幼，分别称为"伯仲叔季"，同样，它们把连续在一起的三个月，从前到后，分别依次称为"孟仲季"。于是，春三月的第一个月叫孟春，第二个月叫仲春，第三个月叫季春。夏秋冬也一样。可见岁首的第一个月就是孟春月。

从历法上看，这个体现四时的月，反映的是物候和季节的变化，因此从本质上看，它们应该是阳历的月，而非阴历的朔望月。也就是说，这12个月，应该与月相没有关系，而是与二十四气有关。

中国的纯阳历月的划分，离不开二十四气。我们学习过，在二十四气中，有12个是节气，分别位于第1、3、5、7的位置，它们便是12个阳历月的第一天。例如，立春节气就是阳历孟春月的开始，惊蛰节气是仲春月的开始。以此类推。

不过，自从汉武帝颁行太初历以后，历史上的纯阳历月就逐渐不再使用了，后世的人们逐渐把原来是纯阳历的概念与阴阳合历的概念混为一谈，就像新年和岁首那样。因此，这一岁中的12个阳历月，也逐渐被12个农历月所代替。

夏正与夏历

根据太初历，从汉朝开始，就把包含雨水中气的那个朔望月当作正月。由于这一规范基本对应于黄河流域各地春天的开始，利于指导农业生产，因此两千多年来一直没有大的改变。

其实，把雨水中气所在的月作为正月的做法，最早并非是在汉武帝时期发明。据记载这是夏代历法的特点，所以人们把这种沿袭自夏代，按照雨水中气定正月的做法，称为"夏正"。沿用这种做法的历法，统称为"夏历"，我们现行的农历就是这种定正月的规则，因此过去它也叫作"夏历"。

实际上，在汉武帝之前的历法，并不都是以雨水所在月作为正月的。例如，《史记》中就记载："夏正以正月，殷正以十二月，周正以十一月。"意思是说夏代的时候把一月作正月，而殷代时把十二月作正月，周代时则把十一月作正月。这便是关于古代历法的"三正"说，即夏正、殷正和周正，也叫"天正""地正"和"人正"。

那么，什么叫作"把一月、十二月或者十一月作正月"呢？难道正月不就是一月吗？难道十一月、十二月也能叫正月吗？

正如我们前面所说的，在西周以后的先秦时代，天下群雄逐鹿，历法失去了统一性。各个诸侯国纷纷制定自己的历法，由于他们都特别强调自己的正统性，于是就用上古各时代的名称来命名自己的历法，史书中记载的所谓"古六历"，就是这个时期的产物。这"古六历"是指从春秋战国到秦朝时期制定的六种历法：黄帝历、颛顼历、夏历、殷历、周历、鲁历。

从汉朝以后，历代都有天文家研究这些古代历法。总体的结论是，它们的名称虽然听上去时代久远，但基本都是春秋战国时期的历法，只是托古代名义而已。这些历法所采用的天文参数基本相同，它们都把$365\frac{1}{4}$日，作为一个回归年的年长，因此，都属于"四分历"。所谓"四分"，指的是一回归年的年长比365日多出来的那四分之一日。

除了参数之外，这些历法的计算方法也基本相同。而最大的不同，就是它们各自有各自的岁首。例如，夏历把雨水所在的月，作为正月，这就是"夏正以正月"的意思。殷历把大寒所在的月，作为正月，而大寒在夏历中是在十二月，因此司马迁说"殷正以十二月"。那么周历，则是把冬至所在的月作为正月，在夏历中，冬至是在十一月，这就是"周正以十一月"的意思。

历史上，历代学者基本都不认可所谓"三正"真的是分别对应于夏、商、周三代的历法，但是春秋战国时期各国历法不统一，不同的国家把不同的月当作正月却是事实。前面说过，秦时的月序按照夏正，却把十月做岁首，更可谓特立独行。

由此可见，汉代以前，尤其是先秦时代的历法十分混乱，那时不同的国家，它们的岁首，前后竟能差四个月！例如，奉行夏历的国家，春天过年，而奉行周历的国家，则是冬天过年。"你的正月，不是我的正月"，大家在一起交流，该有多么困难。难怪孔子抱怨礼崩乐坏。不过，往好处说，如果有机会穿越回那个年代，像孔子那样周游列国的话，也许能连续几个月，每个月都能过一个国家的新年呢。

元旦和春节

自从汉武帝时期颁布"太初历"，统一了历法，此后在官方历法中，岁首和新年便不再区分，都是农历的正月初一。夏、商、周三代以及三代以前的古代历法中，本来存在的纯阳历历法和相关的节日，逐渐都按照阴阳合历来处理。这一做法，一方面维护了皇权的尊严，另一方面混淆了很多概念，对于后世的人来说，许多传统节日根本不知道它们的出处是什么。千百年来，一代代的人，要么是糊糊涂涂地过节，要么就找个后世的故事，来代替它的源头。下面就来聊聊这些话题。

先来看看元旦和春节。

前文中王安石的诗《元日》，这里"元"就是起始开端的意思。

元日就是第一天，那它是什么的第一天呢？是一年的第一天，也就是农历的正月初一，在我国传统节日中，它是最重要的一个。在古代"元日"也叫作"元朔"、元旦，甚至也叫岁首或者新年。王安石的这首诗，描述的也就是宋代的时候每年正月初一时的景象，家家户户燃放爆竹，书写新年春联。

我们知道，今天所说的元旦，指的是公历的1月1日，而农历的正月初一，我们现在都称作"春节"。这一情况和古代的传统并不一致。由于公历在我国的施行，是很近代的事情。在历史上，我国并没有春节这个节日的正式名称。

公历的1912年1月1日，中华民国临时政府在南京成立，宣布改用西历。不过纪年方式采用的是国号纪年，因此这一年是民国元年。由于当时各方面的政治和军事斗争仍然很激烈，所以，这个改用西历的规定，实际上是在1912年1月2日才在《申报》上刊出的。而民国政府在1月15日才在南京补过了第一个西历的新年。他们把这个西历的1月1日，称为阳历元旦。据说当时的《申报》还有人作诗表达对新节日的期待："不待梅枝报早春，汉家日月又重新。"可以看到当时人们也意识到，西历的元旦，还是处在隆冬时节，连早春的梅花都没有开放呢。

虽然改历这个事情，具有划时代的意义，但在当时的中国，并没有引起太大的反响。主要由于那时南北之间还处于关系微妙的阶段，民国政府控制下的各省使用新的历法。而北方的各省却仍然使用的是宣统的年号，还是按照传统，以正月初一作为新年的元旦，也就是说北方各省在西历的1912年2月17日才庆祝新年。

因此，1912年的中国出现了两个元旦：一个是西历的1月1日，一个是传统的正月初一。

从西历1913年元旦起，北洋政府规定办公机构放假三天。后来政府为了区分这一中一西两个元旦，从1914年1月开始，把农历的元旦，也就是正月初一，改名叫作春节，而把西历的1月1日称为元旦。西历的新年正式成为法定节日。民国初期的西历元旦庆典，是政府自上而下推动的，商界、学界及社会团体反应积极，常在此时举行各种展览、游艺、宣教、慈善活动。而老百姓则把元旦看作"洋节"，长期处于漠不关心或"看热闹"的状态，还是喜欢自己传统的农历元旦。这种上下不一致的情况，慢慢延续，但也在慢慢改变。

　　1949年中华人民共和国成立前夕，政协会议决定我国采用西历，并使用公元纪年，从此，把西历的1月1日定为"元旦"这个专用名。而农历的正月初一不再称元旦，改称"春节"。

　　所以，大家可以看到，改变"元旦"这个名词的含义，是在最近这一百年左右的事儿，而"春节"这个称呼的出现，也是很新近的事情。

　　在古代，并没有春节这个法定的节日。如果非要说春节就是人们庆祝春天来临的节日，那想必它应该是一个阳历的日子。实际上，作为中国阳历的二十四气中的立春节气，才是真正的春天的节日。

　　我们知道，立春是二十四气中春天开始的第一个节气，也是孟春月的第一天。在民间，一直是把立春日作为干支和属相改变的日子。不过自从汉武帝时期开始，为了维护皇家历法的权威，这些阳历的节日，都退居了次要地位，两千多年来，都只是在民间流传和使用而已。

夏至与端午节

下面再来看夏至与端午节。

前文已述，冬至是我国古代传统的岁首。但是实际上，夏至在古代也曾经做过岁首。在我国古代曾使用的历法中，有些是在一年中过两次年，一次是在冬天，一次就是在夏天。

夏至本来是天文学上最重要的时间节点之一。在夏至这一天，太阳直射地球的位置到达一年中的最北端，也就是在北回归线上。

北回归线经过我国南方不少地方，例如，在云南的墨江、广西的桂平、广东的从化和汕头、中国台湾的嘉义和花莲等地方，那里都建立有北回归线纪念碑。那里的人在每年夏至正午的时候，会发现太阳位于头顶正上方，所有物体包括人体，都没有影子。在一年中，夏至日这一天是北半球的日照时间最长的日子。

当然，夏至也是一个转折点。自从夏至日以后，太阳直射地面的位置逐渐南移，北半球的白昼时长也逐渐缩短。在古人的眼中，从一年里阴阳转化的关系来看，夏至日是阴阳交替的关键时点。此时阳气达到极盛，从此后，阳气逐渐下降，而阴气则慢慢开始上升，因此有"夏至一阴生"之说。中医认为人与天地相参，人体的阴精此时达到最虚，因此养生有不少禁忌。关于这些，在端午节的一些民间流传的禁忌中还有所记载。其实这也说明夏至和端午节有着密切的关系。

端午节与春节、清明节、中秋节是我国最重要的四个传统节日。近些年开始，国家都安排端午节的假期。2009年，联合国教科文组织正式批准将其列入《人类非物质文化遗产代表作名录》，端午节成为中国首个入选世界非遗的节日。

端午节，又称端阳节、龙舟节、重午节、天中节等。据说端午节的称呼在中国所有传统节日当中最多，达二十多个。自汉朝以来，就大多将此节定在农历每年的五月初五，一直没有变动过。

提起端午节，人们总是要同屈原联系起来，千百年以来，端午节已同屈原结下了不解之缘。屈原是战国末期楚国丹阳（今湖北宜昌秭归）人。相传屈原力主联齐抗秦，遭到贵族反对，被迫流放，他在流放途中写下了忧国忧民的《离骚》《天问》《九歌》等不朽的诗篇。公元前278年，秦军攻破楚国京都，屈原不忍舍弃自己的祖国，在写下了绝笔《怀沙》之后，于五月五日，抱石投汨罗江自尽，以自己的生命谱写了一曲爱国主义诗篇。屈原投江后，当地百姓为了寄托哀思，荡舟江河之上，此后逐渐发展成为龙舟竞赛。百姓们又怕江河里的鱼吃掉他的身体，就纷纷拿米团投入江中，以免鱼虾吃屈原的尸体，后来就成了吃粽子的习俗。就这样，后人将端午节作为纪念屈原的节日，也同时留下赛龙舟、吃粽子的习俗。其实，在我国民间和端午节有关的历史人物，除了屈原之外，还有伍子胥、曹娥及介子推等。

不过，近代以来经实际考察，发现这些故事和传说，都远远晚于端午节的真正诞生时间，都是后世构建出来的。因古代缺乏对历史的考证，导致各种牵强附会的起源说法甚多，也由于某些历史人物碰巧与该日有关联，于是便产生了"纪念说"，端午节纪念屈原就是这类影响最为广泛的纪念说之一。

其实早在屈原生活的战国年代以前，端午节就已经存在了。综览历史文献资料可发现，在汉魏前端午节活动没有留下只言片语的记载。最早将屈原和端午节联系起来的，是南北朝时南梁吴均的神话志怪小说《续齐谐记》，此时屈原已去世750年以上。端午节与屈原无关，这已是近代历史学家们研究的成果，但是作为公众，很多人并不清楚。不过，千百年来，屈原的爱国精神和感人的诗辞，已深入人心，因此，端午节纪念屈原，影响最广，占据主流地位。而在民俗文化领域，也把端午节的龙舟竞渡和吃粽子等，都与纪念屈原联系在一起。这一主导地位，已成为不争的事实。

中华文化源远流长、博大精深，古老节日是传统文化的重要载体，端午习俗甚多，形式多样、内容丰富多彩，热闹喜庆。我们今天来研究端午节的起源，不是要削弱对历史人物的纪念和追思，不是要消除这个节日所蕴含的家国情怀和文化传承。只是从历史的角度，还原这一传统节日的真实面貌，同时更加深刻地认识到中华悠久历史文化的源头意义之所在。

近代著名学者闻一多先生曾经著有《端午考》与《端午的历史教育》等文章，他指出，端午节是龙的节日，它的起源实际远在屈原之前，而"和中国人民同样的古老"。闻一多在提出端午节源于人们对龙的崇拜的理由时指出，端午节龙舟竞渡的活动用的是龙舟，端午节吃粽子，也源自于对龙的祭祀，而人们以五彩丝线系臂的风俗，是上古人们文身风俗的遗迹。因此，闻一多认为端午节本是吴越民族举行图腾祭的节日。可以说闻一多先生较为明确地提出了端午节的起源远在屈原之前。

进行龙舟竞渡的客观地理条件，必须是在产稻米和多河港的地区，这正是我国南方水网地区的特点，那里人们常以舟代步，以舟为生产工具和交通工具。人们在捕捉鱼虾的劳作中，攀比渔获的多寡，休闲时又相约划船竞速，寓娱乐于劳动、生产及闲暇中，这是远古时竞渡的雏形。据考古工作者对河姆渡遗址和田螺山遗址的史前文化的研究表明，早在7000年前，这里就有了独木舟和木桨。端午的习俗最初可能只在吴越地区流行，后来最晚到了汉代，这种习俗才传到长江上游和北方地区。因此可以说，端午节风俗是南北风俗融合的产物，随着历史发展又注入了新的内容。

我们再从端午的民间风俗活动来看。在南北朝时期著名的岁时著作《荆楚岁时记》中，并未提到五月初五日要吃粽子的节日风俗，却把吃粽子写在夏至节的风俗中。北齐时期的卫尉卿杜台卿，根据《礼记·月令》的体例，广泛收集当时的风俗人情资料，汇集成《玉烛宝典》12卷，在这本书中，也记载龙舟竞渡实际上是夏至日的娱乐活动。从这些历史记录来看，端午节的风俗其实和夏至有着千丝万缕的联系。

我们知道，端午节是整个夏季中，中国人唯一的重要节日。因此，其节日活动的内容，往往带有夏季的特征。《尚书·尧典》中有"日永星火，以正仲夏"。这表明在距今3000年左右的上古时期，每逢仲夏时节的傍晚，苍龙星象的代表星宿——大火星，就会升到最高处。此时整个苍龙七宿完全展现在南方天空中，显现为一幅飞龙在天的星空画面。正是这一星象，把端午节和夏至以及龙的图腾崇拜，紧紧联系在一起。

为什么这么说呢？

首先，人们都知道，端午节的时间为农历五月五日。然而，将五月五日定为端午节，其实是秦汉以后的事情，在此之前，端午节并非固定为初五日。一方面，由于汉朝推行太初历，首次将阴阳合历作为全国统一的官方历法予以固定，这样南北各地的人们才有可能按照统一的每年五月五日来纪念这个节日。另一方面，把端午节定在五月五日，只是遵循本民族喜欢使节日的月序和日序二者相同这一习惯罢了，例如，

"二月二""三月三""七月七""九月九"等。将端阳定在五月五日，也是出于这个习惯。

其次，从端午的节日名称来看。先来看"端"字。有人依据端阳或端五的节名，把"端"字解释为"初"，端五即初五。这个解释实在牵强。如按此说，就该将二月二叫作"端二"，三月三叫作"端三"，七月七叫作"端七"，而九月九叫"端九"才是。但是事实上古人并没有这些叫法，可见此说不能成立。

那么端的真实意义是什么呢？从"端阳"这个节名可以得到启发。端阳者，阳气之端点也。这就是说，端是正中和最高的意思，而端阳是指阳气盛极，阴气即将回升之义，从天文上看，显然这指的就是夏至。

古时候，在夏至时的傍晚，苍龙星宿升至天上的最高处，也就是正南方的天空，呈现为所谓的飞龙在天，而在古代，龙为阳物，它春分升天，秋分潜渊。因此夏至时的星象，正是代表阳的苍龙星宿，升到了最高处，这就是端阳之本意。另外，古人把端午节又称天中节，其实也正是这个含义。

再来看端午的"午"字。这个午字，是正午的午，并非是数字的五。这个午，是十二地支之一，在这里指的就是从子月开始的第七个月——午月。

作为古代历法之一的夏历，它规定把雨水所在的寅月，作为一岁之首的正月。因此，按照夏历的习惯，一年中春天的三个月分别是寅月、卯月、辰月这三个月，而夏天的三个月分别是巳月、午月、未月这三个月。可见，这个午月是夏天三个月中，最当中的那个月，这正是仲夏时节，也就是夏至所在的月。由于夏历规定寅月对应正月，因此从月序的排列看，午月正好排在第五，也就是数字的五月。

在当年孔子得到的记载夏代星象和历法的古籍《夏小正》中，就有五月"初昏，大火中"。这恰恰证明了按照夏代的历法，大火星在傍晚位于正南天的时间，就是每年的夏历五月，这个月既是数字的"五"，也是正午的"午"。也正因为这个巧合，才引起了后世人们将这个本来来自正午的午月，也就是夏至所在的古老节日，逐渐与数字五的五月相混淆，以至于慢慢演变成了五月初五。

总结一下，端午节在古代最早是为了纪念夏至而设置的节日，也就是说端午节和夏至在古代本来是一回事，只是后来随着懂天文的人越来越少，记载也越来越模糊，后世人们搞不清楚端午节到底是从哪里来的，只剩下记得吃粽子、赛龙舟了。

尽管端午节起源不明，然而它与夏至日从时间上看，始终相距很近，例如，2021年二者只差了7天。

端午节与上古新年

实际上，端午节不仅起源于夏至，而且是由上古的新年演变而来的。注意到这一点的人就更少了。

前面说过，端午节与龙的崇拜有关，它起自我国南方。闻一多先生已经注意到上古越人是崇拜龙的，因此端午节的起源很可能与古越人有关。

与古代西羌人崇拜虎的习俗相对应，上古时南方的越人崇拜龙。龙是神，又是人们心目中的英雄，望子成龙，以龙命名，古越人喜欢将自己的头领尊称为龙。皇帝自称"真龙天子"，正是这种思想影响下的产物。我国南方的少数民族瑶族、布依族和毛难族等，其传统新年均在夏至前后，这些民族原是上古越人的遗裔，或者是历史上受古越人文化影响较深。

在古代星象和历法的记录上，除了以《夏小正》为代表，记载五月"初昏，大火中"之外，还有一个和北斗七星有关的星象，那就是很早以前，古人就会根据北斗斗柄的指向来判断一年中不同的时节。每当傍晚时分，北斗的斗柄正悬在天空的最高处，直指南方时，表明此时是仲夏时节，也就是夏至。所谓"斗柄南指，天下皆夏"，正是这个意思。从此之后，斗转星移，当北斗斗柄在傍晚时，再次回到天空最高处的时候，就意味着一年过去了，新的一年又要开始了。于是人们会在这个有着明显星象特征的时间，来庆祝新年。这就是我国南方的白族等少数民族今天仍然保留每年一度的重要节日的"星回节"，所谓星回，就是星回于天的意思。这里的星，就是北斗七星。作为普通百姓，古老的星回节可能知道的人不多，但是这个节日的另一个名称——火把节，恐怕是耳熟能详的。星回节和火把节正是我国古代遗留下来的上古时期的传统新年节日，就是夏至。

我们知道，从地理的方位上看，古人习惯将东西南北对应十二地支，正北方对应于子，而正南方对应于午，因此，古人就把南北方向的连线称为子午线。而所谓的端午，实际上就是指在夏至的时候，北斗七星升到头顶最高处，此乃端，它的斗柄，正指南方的午位，此乃午。端午正是此时这一星象的描述。

我国传统的节日——元旦和端午节，其实它们的本意并非今天大家所熟知的内容。要理解它们的真正起源，就离不开对古代天文历法知识的掌握。天文乃所有学问的母学，可见一斑。

第五章

神奇的阳历历法
——十月历

一年有十个月的"十月历"，是一种已几近失传的古老历法。由于它是纯阳历历法，因此也叫作"十日历"。它是我国传统文化的阴阳和五行的天文学起源。

▶▶

第五章
神奇的阳历历法——十月历

羲和生十日　古代天文官发明了十月太阳历法　　羿射十日　古代社会对历法的一次变革过程

纯阳历的十月历

一年有十个月的古老历法，已近失传
纯阳历法，也叫"十日历"

用十天干记月序：　甲乙丙丁戊己庚辛壬癸
十二地支记日子：子丑寅卯辰巳午未申酉戌亥

全年五个时节，对应五行的木火土金水
全年三十节气，与十天干完美对应

每年有两个过年日，分别在夏至和冬至
星回节和火把节，是这种过年日的遗留

把一个回归年划分为十个月

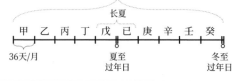

长夏
甲　乙　丙　丁　戊　己　庚　辛　壬　癸
36天/月　　　　　夏至　　　　　　冬至
　　　　　　　　过年日　　　　　 过年日

十月历的过年日

① 分开过：一年过两次，夏至过大年（3天），冬天过小年（2天），每四年过一次双大年

② 集中过：十月末或五月末的最后一天，集中过5天新年

过年日的纪日

① 中断：过年的5~6天，不计入某个月，没有12地支对应

② 不中断：每一天都按12属相顺序记录下来，没有中断

"八方之年"纪年法

指八个方向，分大四方和小四方，从东方开始算起，每个方向对应一年，两个八方之年是一个属相的循环周期

中原的古老历法

为什么古人发明一年十个月的历法？
十月历采用十进制，是人类最早用过的计数方法，先秦时期在中原地区普遍使用

为什么彝族等少数民族保留了十月历？
最早的先民主要源自东夷和西羌。使用十二月历的东夷人统治了政权，使用十月历的西羌人退居偏远地区，彝族是西羌后人

十月历的两种阴阳划分方法
①上半年阳年，下半年阴年；②单月阳月，双月阴月

◇ 岁阳岁阴：是年的两种历法，后用天干地支取代
◇ 十兽历：用10种野生动物记录每个月的名称

十月历与五行

春、夏、长夏、秋、冬 》》 木火土金水
（长夏：十月历中的第3个时节，对应戊己两个月）

　　　春　夏　秋　冬
　　　　　孟仲季
（季夏：阴阳合历中夏季的第3个月，对应6月）

"分为四时，序为五节"，是年的两种划法

时间的转折点

年代表转折：冬至和夏至是太阳在一年中的两个折返点
　　　　　　　　　　　　　　夏至　　冬至

制定十月历的方法

☼ 观察太阳　圭表测日影

观察星星　北斗七星："斗转星回"，星回节
　　　　　 大火星："七月流火"，火把节

《山海经》中的传说

在《山海经·大荒南经》中有："东南海之外，甘水之间，有羲和之国。有女子名曰羲和，方日浴于甘渊，羲和者，帝俊之妻，生十日。"从表面看这段文字的含义是：在东海之外的甘水与东海之间，有个羲和国。这里有个叫羲和的女子，在甘渊中给太阳洗澡。羲和是帝俊的妻子，她生了十个太阳。

历史上很多人都把《山海经》归为志怪类古籍，认为它是一部荒诞不经的奇书。现代人也多把这本书作为充满传奇色彩的儿童漫画书对待。天上的太阳怎么可能是一个女人生的呢？况且还生了十个。不过，请别着急下结论，说到十日，你还想到了什么故事？对了，那就是"羿射十日"。

在《淮南子·本经训》中也有关于十日的记载。原文是说："逮至尧之时，十日并出。焦禾稼，杀草木，而民无所食。尧乃使羿，上射十日。万民皆喜，置尧以为天子。"说的是，在尧的时代，天上有十日出现，庄稼和草木都被晒死，老百姓没有粮食。于是，尧就命羿，用箭射十日，从此万物恢复生机，百姓称颂，就推举尧做天子。这就是"羿射十日"的传说。

不过，这里帮助尧帝射日的人，叫羿，而不是后羿。羿和后羿虽然都善于射箭，但他们却是两个人。羿是生活在上古尧帝时期的一位英雄。因服下不死之药，飞升月宫的嫦娥，就是羿的妻子。而后羿则比他晚很多，是生活在夏朝太康年间的人。据记载，后羿夺取了太康的政权，自己成为夏朝统治者。所谓"后羿射日"是张冠李戴。

古人还认为天上一共有十个太阳，他们轮流值日，每天只有一个由金乌背负着升上天空。关于这个说法，在《山海经·海外东经》中记载："汤谷上有扶桑，十日所浴，在黑齿北。居水中，有大木，九日居下枝，一日居上枝。" 意思是说，汤谷是十个太阳洗澡的地方，这里水中有一棵扶桑树，一个太阳位于上面的树枝，而九个太阳则位于下面的树枝上。此外，在《山海经·大荒东经》中记载："汤谷上有扶木，一日方至，一日方出，皆载于乌。"说的是在汤谷这个地方，有一棵扶桑树，每天由一只乌鸟，载着一个太阳出发值日，只有当一个太阳回来了，第二个太阳才可以出发。你看，在古人的眼里，是不是每天升起的太阳都是新的？

在这里，并不是要讲解古代的传奇故事。古代天上真的有十个太阳吗？当然没有。那为什么要说到十日呢？

原来，这些古籍中记载的所谓"十日"，其实并非是指天上的十个太阳，而是古代曾经行用的一种一年有十个月的历法——"十月历"。由于它是一种纯阳历，和月亮的圆缺变化没有任何关系，因此应该称"十月太阳历"。在我国传统文化中，日对应阳，而月对应阴。更准确地说，它不应该叫作十月历，而应该叫"十日历"。这里的"日"，相当于历法中的周期"月"，不过它所强调的是纯阳历的概念。可见，这个十日的"日"，是一个时间和历法的概念，表示一段时间，而不是指天上的太阳。

那么"羲和生十日"，又是怎么回事呢？原来，羲和是我国古代对天文官的统称。查看古籍，会发现上古时，历朝历代都有叫羲和的天文官。就像"火正"是专门观测大火星的天文官一样，羲和也是一种职务的名称，而并不是具体指某一个人。明白了这一点，那么"羲和生十日"就好理解了，它指的是古代的天文官发明了"十月太阳历"这个事实。

那又为什么说，羲和是帝俊的妻子呢？原来帝俊是东方民族的领袖，人们把世间一切发明创造都归之于帝俊。我们知道，在父系社会的氏族制度中，男性是家长和族长，既然十日是羲和所生，那么只有帝俊才有资格做十日的父亲，而羲和就只好做他的妻子了。

其实，帝俊不止是十日的父亲，他也是十二月的父亲。在《山海经·大荒西经》中记载有："有女子方浴月。帝俊妻常羲，生月十有二，此始浴之。"意思是说，有个女子正在给月亮洗澡，她是帝俊的妻子常羲，她生了十二个月亮，这才开始给月亮洗澡。

可见，帝俊还有一个妻子，叫常羲，她生了十二个月亮。有了前面对"羲和生十日"的解释，就不难理解，常羲其实也是古代的天文官，他发明了一年有十二个月的历法，这是一种阴阳合历。

在古代，在不同的时期，对天文官这个职位有不同的称呼。例如，周代称为"日者"或"畴人"。由于他们的专业知识基本都是家族传承的，因此就以此职业来作为自己的氏的名称。最初，"姓"是来自母亲，而"氏"则来源于居住的地名或者从事的职业。今天人们的姓大都随着父亲一方，是社会历史演变造成的。

周代的天文官叫作冯相氏，在《周礼·春官》中就有对他们的工作职能的记录："冯相氏掌十有二岁，十有二月，十有二辰，十日，二十有八星之位，辨其叙事，以会天位。冬夏致日，春秋致月，以辨四时之叙。"原来，冯相氏负责观象授时、制定历法，其中"十有二月"是一年有十二个月的历法，而"十日"是指一年有十个月的十日历。可以说周代的冯相氏，就是古代羲和与常羲这些天文官职的后继者。

既然"十日"指的是十月历，那么"羿射十日"的传说，就不一定真的是纯粹的神话故事了。人当然不可能用弓箭把太阳射下来。"射十日"反映的可能是古代社会对历法的一次变革过程。

纯阳历的十月历

十月历是我国古代早期的历法之一，作为纯阳历，它与农业生产有密切关系。我们知道，农业是直接与太阳的运动状态有关系，不同季节不同温度，直接影响了作物的生长。可以说，没有太阳历，就没有农业。实际上，单就农业生产来说，只需要关心太阳的运动就行，至于与月亮有关的阴历并不重要。

简单地说，十月历把一个回归年划分为十个月。是不是把365.25天除以十，每个月有36天半呢？当然不是。我们知道，在一个历法中，一日是最小单位，不能把一天拆分到两个月中。那到底十月历是怎样划分的呢？

原来，十月历每个月的长度都是36天。这样一来，全年十个月就是360天整。由于这个历法是纯太阳历，与月相没有关系，因此也没有大小月之分，这使得历法的计算和施行都相当方便。

我们知道，每个回归年长度是365.25天左右，那么，一年就多出来

5~6天，换句话说，平年多5天，每四年的闰年里要多6天，该拿它们怎么办呢？当然不能随便忽略掉，否则就误差太大了。古人把这5~6天用来过年，而不单独算在某一个月里面。

古人具体怎么称呼这十个月呢？一般不用一二三四来给它们命名，而是用"甲乙丙丁戊己庚辛壬癸"这十天干，来表示每个月的月名。例如，第一个月叫甲月，第二个月叫乙月，以此类推。实际上古人把它们分别叫甲日、乙日，等等。

十月历的每一个月都是36天，这比一个月29~30天的月长，更方便计时。为什么这么说呢？对于这36天，人们从一个月的第一天开始，用"子丑寅卯"等十二地支来记录日子的顺序，当十二地支轮流使用三遍，即上中下三旬之后，就进入下一个月。在一年中，每个月的第一天的地支都是一样的，甚至每一旬的第一天的地支也都是一样的。

总结一下，对于十月太阳历，古人用十天干来给各个月命名，从甲月到癸月，而用十二地支来记录日子，从每个月的第一天开始，三轮之后就进入下一个月。

可见，从十月历的角度来看，十天干和十二地支，在古代是分别用来记录月序和日序的两种纪历方法。这在司马迁的《史记·律书》，以及后来的《汉书·律历志》中早已有载。

司马迁把十天干，按顺序对应到从春天到冬天的一年之中的各个时节，表达了不同时节的物候特点。例如，在《史记·律书》中有："甲者，言万物剖符甲而出也；乙者，言万物生也；丙者，言阳道著明，故曰丙；丁者，言万物之丁壮也，故曰丁；庚者，言阴气庚万物，故曰庚；辛者，言万物之辛生，故曰辛。"意思是说，甲是种子破甲而出的时候，乙代表屈曲萌生的时候，丙指的是天气明亮，丁则是植物状茂，等等。总之，在从甲到癸的十个时节中，每个时节都有相应的作物生长的状态和表示气候状况的阴阳二气的升降变化。

《史记·律书》和《汉书·律历志》中关于十天干的记载，无疑证实了十天干原本就是表示时节的。司马迁总结得好，《史记·律书》中说："太史公曰：旋玑玉衡以齐七政，即天地二十八宿。十母，十二子，钟律调自上古。建律运历造日度，可据而度也。合符节，通道德，即从斯之谓也。"

当然，由于阴阳合历的一年有十二个月，因此，十二地支其实也用于表示一年十二个月的月序。冬至所在的月称为子月，大寒所在的月称为丑月，而雨水所在的月称为寅月，以此类推。

有了上面的基础共识，就不难理解为什么古人把干支分别称为天干和地支了。

首先，十干和十二支，都可以用来表示一个回归年的时段，所以二者的性质是类似的。其次，十二支表示的月，是以月亮的圆缺为依据，而十干代表的十月历，是只与太阳的运动相关的纯阳历。按照传统的观念，日为阳，月为阴，天是阳，地是阴。因此，十干就叫作"天干"，十二支就称作"地支"。

需要说明一点，干支这个称呼在东汉以前是不存在的。在西汉时期，它们称为"十母十二子"。到了东汉时的《白虎通》一书，才最早出现"干枝"二字，意思是，树干是母，树枝是子。而我们今天所说的干支，是到了东汉时期王充的《论衡》中才出现的。

中原的古老历法

有人会问，古人为什么发明一年十个月的历法呢？

其实，事情没有那么复杂。十月历，采用的是十进制，而十进制是人类所有古老民族最早都曾用过的计数方法。因为每一个人都有十个手指，用它们来计数，再自然不过了。例如，两千多年前的古希腊也行用过一年包含十个月的历法。

而我国十月太阳历的发现，最早是近现代学者从我国彝族民间流传的历法习俗中考证得出的，后来从白族、哈尼族等少数民族的考察中也发现了相应的线索。再到后来，查阅中原的古文文献，发现先秦时期在中原地区普遍使用过这种历法。只是随着中原地区改用阴阳合历，十月历被废止，由从中原迁往南方的彝族等古羌人的后裔却一直保留并使用至今。

根据文献和近现代少数民族民俗调查研究发现，以黄帝、尧帝为代表的古羌人的后裔，包括现今的彝族、哈尼族、纳西族等，都以崇拜黑虎为共同的信仰，以观察太阳的出没方位来决定季节，因此，他们一直以冬至和夏至作为一岁中的两个新年。也就是说，他们把一年分为上下两个半年，而每年比360天多出来的那5~6天，分别放在冬至和夏至前后用来过年。今天他们的火把节和星回节，就是古代这两个新年节日的遗留。

同样道理，古代以伏羲为代表的夏民族，他们的后裔，也就是今天的白族、土家族等，以崇拜白虎为共同信仰，主要靠观测北斗星的指向和大火星的出没方位来定一年中的季节，每年也是十个月。

最初，上述两种历法的新年都开始于冬至前后，但是由于岁差的缘故，前者依然保持了这个习俗，而后者由于是坚持观测北斗星，岁差就会使他们的新年与冬至和夏至之间产生时间差异。到了今天，这些依然留有古老历法遗风的少数民族，新年的日子就有所不同了。例如，白族的火把节和星回节本来是夏至和冬至的两个新年，但是由于岁差导致这两个节日现在慢慢延后到了大暑和大寒前后。

三十节气

二十四节气是我国传统时间历法的特色之一，2016年入选联合国非物质文化遗产名录。但是，很多人没听说过三十节气。

《管子》是先秦时代各个学派言论的汇编，内容博大，历史影响深远，相传是以齐国的稷下学派代表人物管仲的作品为主，被认为是先秦时期被政治家所推崇的经典。管子本人作为古代重要的政治家、军事家、道法家，受到孔子的敬重，孔子在《论语》里这样高度评价管子："微管仲，吾其被发左衽矣。"

《管子》这本书原有文章86篇，至唐又亡佚10篇，今本存76篇。内容较为庞杂，汇集了道、法、儒、名、兵、农、阴阳、轻重等百家之学，但其思想的主流是黄老道家思想。其中有一篇名为《幼官》。在这篇文章中记录了一年包含的节气名称，例如："十二，地气发。十二，小卯。十二，天气下。十二，义气至。十二，清明"等。意思是每十二天遇到一个节气，它们分别是地气发、小卯、天气下、义气至、清明等。数一数会发现全年一共有30个节气（表5–1）。虽然它们的名称跟现今的二十四节气不太一样，但是能够看到，也是反映了当时的物候和气象特征。

过去早就有人研究过《幼官》篇里的这30个节气，但由于这种分法与十二个月无法一一对应，使用起来很不方便，所以一直以来被认为这种节气的分法不实用，意义不大。直到20世纪七八十年代，我国科技史学界发现了古老的十月历之后，才明白这就是专门对应十月历的节气。十个月对应30个节气，每个月有3个节气，12天1个节气，与12地支完美对应。月份和节气的匹配完全固定，没有丝毫的错乱，而且三十节气的名称也一样能够指导农业生产。

表5–1　三十节气

顺序	三十时节	顺序	三十时节
1	地气发（甲月）	16	期风至（己月）
2	小卯（甲月）	17	小酉（己月）
3	天气下（甲月）	18	白露下（己月）
4	义气至（乙月）	19	复理（庚月）
5	清明（乙月）	20	始前（庚月）
6	始卯（乙月）	21	始酉（庚月）
7	中卯（丙月）	22	中酉（辛月）
8	下卯（丙月）	23	下酉（辛月）
9	小郢（丙月）	24	始寒（辛月）
10	绝气下（丁月）	25	小榆（壬月）
11	中郢（丁月）	26	中寒（壬月）
12	中绝（丁月）	27	中榆（壬月）
13	大暑至（戊月）	28	寒至（癸月）
14	中暑（戊月）	29	大寒之阴（癸月）
15	小暑终（戊月）	30	大寒终（癸月）

一阴一阳之谓道

　　《易经·系辞》中有"一阴一阳之谓道"，体现在历法上，就是一年中阴阳变化的规律。关于阴阳，在十月历中有两种划分法。

　　第一种，上下半年各属阴阳。我们知道在十月历中，一年有两个时间过年，分别是冬至和夏至，叫作过大年和过小年。由于全年中有5~6天用于过年，因此，一般来说过大年3天，过小年2天。但是由于每四年有一个闰年，因此这一年有两个大年，都是过3天。过年的这两个时间节点，把十月历的全年划分为上下两个半年。从冬至开始到夏至的半年属阳，而夏至开始到冬至的半年属阴。

　　为什么这么说呢？古人认为，从冬至开始，阳气萌动而上升，到夏至时达到极点，然后阴气始生，到冬至达到极点。这样完成了一年的循环周期。所以，古人认为"冬至一阳生""夏至一阴生"。因此，上半年可称为阳年，下半年可称为阴年。

　　上半年的气温逐渐升高，万物处于生发状态，下半年作物成熟，这是以农业为主的先民们的朴素认识，也是上古时代人们把一年的时间周期分为春秋两半的由来。在殷商时代的卜辞中依然只把一年分为春秋两季，还有，尽管在孔子生活的春秋末期，官方的历法已经把一年分为四季了。但孔子在写史书的时候，还沿用着上古的习俗，把时间和历史统称为"春秋"。

　　除了按照上下半年各取阴阳的划分方法之外，十月历的阴阳，还有第二种分法：按照单双月的顺序来分。

　　我们知道，在《易经》中把天象的阴阳称作"刚柔"，天为阳为刚，地为阴为柔。在《淮南子·天文训》中有："凡日，甲刚，乙柔，丙刚，丁柔，以至于癸。"学过十月历的知识后，再读到这里的"日"字，至少不会把它当作日子的"日"来理解了，这里的"日"应是指十月历的"月"。《淮南子》说明了十月历的十个月的阴阳划分方法，即位于单数位置的月，例如，甲月、丙月等是阳月，而位于双数位置的月，例如，乙月、丁月等为阴月。

在我国西南地区的少数民族，特别是小凉山地区的彝族，在他们传统的十月历法中，是把十个月按照单双来分公母的：一年中第一个月是公月，第二个月是母月，以此类推。这显然与《淮南子》给出的阴阳划分方法是一致的，也证明《淮南子》中的甲乙丙丁的论述针对的是十月历。

十月历与五行

我们知道，五行指的是木火土金水，假如不考虑它的抽象概念，单从直观上看，它们除了对应天上的五颗大行星之外，还对应人体的五脏：肝、心、脾、肺、肾。此外，五行与时空也有对应关系，在方位上是东、南、中、西、北，在时间上是春、夏、长夏、秋、冬。

这个在夏与秋之间的长夏是怎么回事？从一年的时间上，这个长夏又该如何对应呢？

网上的解释有："长夏，多义词。一指夏日。因其白昼较长，故称长夏。"显然这个解释流于表面。关于长夏网上还有：长夏还指阴历六月，或者指立秋起至秋分时段，中国地域辽阔，南北各地气候有差别，古人将从立秋起至秋分前这段日子称为"长夏"。可见，几种相互矛盾的说法，读者很难辨别。

这里网络上提到长夏指阴历六月，据说它的依据是王冰对《黄帝内经》做的注。在《素问·六节藏象论》中有"春胜长夏"。在这里王冰有注："所谓长夏者，六月也。"我们不妨想一想，假如长夏是六月，从长度看，只有一个月，显然不能与其他四季的长度相匹配。有人提出，在先秦的古籍中没有看到长夏这个名词，说它最早出现在《黄帝内经》中，有人认为长夏这个词实际上就是"季夏"，并说在《礼记》中有"季夏六月"如何如何的记载，因此就判断长夏对应六月。

长夏和季夏是什么关系？我们知道，古人把一年的12个月分为四时，每一时节中有三个月，这三个月从前到后各有名称，例如，春三月，分别叫作孟春、仲春和季春，对应一月到三月。夏三月分别称为孟夏、仲夏和季夏，对应的是四月到六月。可见，季夏这个月当然对应的是六月。孟仲季这套名词是用来把每个季节中的三个月进行划分的方法，跟长夏根本就是两码事。说长夏就是季夏，所以对应六月，这是本末倒置了。

还有一种说法："古人以五行配四季，由于缺了一个，所以想出长夏来弥补。这样春夏秋冬加上长夏就合乎五了。"这太让人无语了，自己不知道原因，竟然说古人是在凑数瞎编。

实际上，长夏与十月历有关系。原来，十月历中每两个月称为一个时节，全年一共五个时节，长夏是十月历中的第三个时节。它对应十月历中的第五个和第六个月，也就是戊月和己月。

关于这个证据，在《管子·五行》篇中有详细的记录："日至，睹甲子木行御，七十二日而毕。睹丙子火行御，七十二日而毕。睹戊子土行御，七十二日而毕。睹庚子金行御，七十二日而毕。睹壬子水行御，七十二日而毕。"

这段话的意思十分明确，按照十月历，一年分为木火土金水一共五个时节，每个时节有72天，正好是十月历的两个月。在这篇文章中，"睹"可以理解为"遇到"，"睹甲子木行御"指的是当"甲月"的"子日"到来的时候，就是五个时节中的木开始的第一天。

为什么这么说呢？既然，"甲月"是十月历的第一个月的名称，而一个月有36天，用子丑寅卯的十二地支来记录每一天的名字，那么按照习惯，一个月的第一天是"子日"，因此，十月历的一年的第一个月第一天当然就是"甲月子日"。接下来，"七十二日而毕"意思就是说这个木所主的时节一共有72天，那就是两个月，而从第三个月开始进入下一个时节。

接下来《管子·五行》篇说："睹丙子火行御，七十二日而毕。"按照顺序，十月历的第三个月是丙月。这个月的第一天当然还是子日，所以第三个月的第一天对应的就是"丙月子日"，这就是"睹丙子"的意思。《管子》中的这个时节是火所主的，也是包括72天，正好两个月。

《管子》中有："睹戊子土行御。睹庚子金行御。睹壬子水行御。"不必一一解释，相信读者能想到，它指的是十月历中剩下的三个时节，分别开始于第五个月的第一天戊子、第七个月的第一天庚子和第九个月的第一天壬子，分别对应于土行、金行和水行。

上面的内容是《管子·五行》篇的文字摘录，读一下原文会发现，在这篇文章中，每谈到一个时节，都会详细列出在这个时节中，从草木到动物的各种物候特点，以及上至天子、下到百姓在此时从事什么事情，完全就是古代的一本历法书。另外，这段文字里的"日至"，可以理解为新年开始的意思，对应冬至这个最重要的时间节点。

木火土金水这五个时节，在古代也称为"五节"。它们的顺序是相生的关系：木在前，木生火，火生土，土生金，金生水，最后是水生木，开始新的一年的五节。在《左传》中就有"分为四时，序为五节"，说的是一年有两种划分法，一种是四时，另一种是五节。

当然，这五个时节还有其他的名称。在《黄帝内经·五运行大论》中有"黄帝坐明堂，始正天纲，临观八极，考建五常"。意思是说黄帝观天文察地理，在明堂中发布历法和政令。明堂是古代天子颁布历法的地方。这里的"五常"就是五行对应的五个时节，这段话实际上就是说，黄帝在明堂中颁布了包含五个时节的历法，可能就是十月历。在《内经》著名的七篇大论中有《五常政大论》，详细论述了木火土金水这五个时节，天地人各自的特点。另外，在《黄帝内经·气交变大论》中一开始就借黄帝之口说："五运更治，上应天期，阴阳往复，寒暑迎随。"这是在论述一年中不同时节五运的更替变化规律。

关于天文历法，在《黄帝内经·六节藏象论》中有精彩的总结。黄帝问岐伯："余闻以六六之节，以成一岁"是怎么回事？看来黄帝是想知道关于一岁长度的历法知识。岐伯回答道："天以六六为节，地以九九制会，天有十日，日六竟而周甲，甲六覆而终岁，三百六十日法也。夫自古通天者，生之本，本于阴阳。"这里提到的"三百六十日法"，就是一年360天的历法，实际上指的是十月历。

具体来看，"天以六六为节"中，"六六"是什么意思？"六六"不是"二六一十二"的加法，而是"六六三十六"的乘法。古人习惯用重复数字表示乘法，而不是加法。那么36又是什么意思呢？其实就是十月历的一个月。《内经》在这里直接用了"节"这个名词。看来在《内经》中所谓的"时节"可能并不是一个词，而是两个含义有所不同的字，"节"指的是36天的周期，"时"指的是72天的周期。36是十月历的一个月，72是十月历的一个时节，这两个数字在我们今天使用的阴阳合历的十二月历中，无法找到对应的关系，但是在十月历中，却是两个最基本的数字。可见，传统文化中人们特别崇尚的两个数字——36和72的出处可能在这里。

至于这段文字中的"天有十日"，可以理解为十月历。由于十月历是纯阳历，所以古代把它叫作"十日"。另外，这一段是论述阴阳关系的，而天属阳，地属阴，所谓的"天有十日"是指阳历的十月历。

在阅读《内经》的时候，遇到"甲日乙日"之类的文字，不要轻易就理解为甲和乙的两天，而是要想一想，它是不是指的是十月历对应的一年中的两个月。

天文作为"母学之学"，是所有学问的源头，对于传统中的许多概念，尤其是源自上古时期的，应该多从天文学的角度去研究，才能弄清真正的含义。

夷夏天文观

在谈到十月历的发现过程时，我们提到，20世纪七八十年代我国的科技史学界前辈，对西南地区的少数民族进行考察时发现的。那么为什么这些兄弟民族还在使用这些古老的历法，而我国其他大多数地方都没听说过呢？这与中华文明的历史发展有关系。

我们知道，中华文明最早起源于黄河流域，在上古时代，十月历本来的确是在中原地区行用的。但是随着统治政权的更替，以及数次历法变革，慢慢被阴阳合历的十二月历所替代。那些原来生活在中原地区，但由于躲避战乱或者杀戮等各种原因，逃往西南偏远地区的人群，他们依然保留着这种上古的历法，并且一直在沿用。从这个角度说，这些少数民族保留了很多中华文明古老的传统，值得今天的我们认真发掘，好好传承。

至于为什么是彝族等少数民族保留了十月历呢？这与中华文明早期来自东西方两股统治集团的冲突和融合有关，也就是所谓的夷夏之更替。

在夏商周三代以前，生活在中原这片土地上的先民，主要源自东西两方。东方部族的代表是东夷，而西方部族的代表则是西羌。黄帝部族来自西羌，政治集团的后继人还有尧帝、夏朝的奠基人大禹等。而来自东方的则有以少昊、颛顼、高辛等为首的上古部族。由于他们的生活生产的特点不同，东方部族以农耕捕鱼为主，而西方部族则以游牧为主，他们所崇拜的图腾也不一样，东方的部族曾主要崇拜龙，西方的则更注重虎。他们使用的历法也有所不同。

西羌部族使用的是纯阳历的十月历，而东夷部族则使用阴阳合历的十二月历。在中原地区，在尧帝时应该还在行用十月历，但是在这个阶段"羿射十日"所记录的事件，反映的可能就是一次对十月历的历法变革。到了夏朝，十月历仍然还在行用。孔子当年在杞国得到的《夏小正》，记录的就是夏代的部分历法。有学者经过考证，认为《夏小正》是一套十月历。

由于商人是来自东夷部族的后人，因此到了商朝，他们的阴阳合历逐渐占据主导地位，直至周朝以及此后，十二月历成为历朝历代中央政权推行的主要历法，十月历逐渐退出历史舞台。今天我国西南地区的彝族等，作为古代西羌部族的传人，他们把先人的文化比较完好地传承了下来。

至于为什么在古代典籍《管子》中有十月历的记载呢？这也和管子其人所在的齐国的来源有关。我们知道，管子的稷下学宫在齐国，齐国虽然地处中原地区的东部，但齐国却是周武王分封天下时给姜姓贵族的封国。而姜姓与姬姓其实都是西羌部族的后人，他们的先人使用过十月历。因此，尽管周代周天子已经行用十二月历，但是在齐国传承的文化中仍然留有古老十月历的记载。

干支的来历

今天，人们常说干和支是用来纪年的，其实这只是一种十分笼统的说法。实际上，十天干和十二地支，在古代它们的用途曾经是相当明确的。十天干是作为太阳历的十月历每个月的月名，而十二地支是把一年分成十二个月的阴阳合历的每个月的月名。

由于我们今天使用的农历是阴阳合历，因此人们对于一年有十二个月的历法十分熟悉，容易理解古人把十二地支与十二个月一一相配。但是，由于上古的十月历至少在商代时就已经停用，后人对于这种历法十分陌生，因此对于把甲乙丙丁用来记录每个月的月名，就感到十分奇怪了。

其实，在我国古代的典籍中还有一套记录每个月的月名的名词，听说过的人不多，那些喜欢看古代小说的人也许见过这些名称，它们听着就像外语一样。

作为我国古代最早的辞典，辞书之祖——《尔雅》，它成书于战国，收录了丰富的古汉语词汇，并给出了解释。被列入了儒家十三经，作为传统文化的核心组成部分。与天文有关的是《尔雅·释天》篇。在这篇文章中，有关于"岁阳"的一套名词："太岁在甲曰阏逢（yān féng），在乙曰旃蒙（zhān méng），在丙曰柔兆，在丁曰强圉（yǔ），在戊曰著雍，在己曰屠维，在庚曰上章，在辛曰重光，在壬曰玄黓（yì），在癸曰昭阳。"在历代的文人看来，这就是甲乙丙丁等十天干的另一套名称，但是知道的人很少，所以用起来经常让人不知所云。

除了十天干之外，对于十二地支也有一套名词，称为"岁阴"。所谓的岁阳和岁阴，实际上是对于年的两种历法，一种是阳历历法，一种是阴历历法。它们分别为十个月和十二个月。在上古时期，这两种历法的月序各自有专名。只是从先秦时代开始，才逐渐用天干和地支来取代了。毕竟，那些古老的月名太拗口，不好记忆。

十月历的过年日

我国传统文化的核心内容之一是阴阳五行，与上古的天文历法有着密切的关系。古老的十月太阳历虽然早已停用了几千年，但只有弄明白了天文历法的出处，才能真正理解阴阳五行的含义。

我们知道，回归年有365~366天，而十月历每月有36天，每年多出来的5~6天用来过年。据调查，过去彝族等少数民族过年的规矩比较多样，不同地区、不同年代可能是不一样的。下面主要介绍两种有代表性的。

第一种是来自对云南小凉山地区的彝族调查，他们一年有两个新年——夏至和冬至。每年分别过两次年，夏至过大年，过年日有3天，冬至过小年，过年日有2天。每过4年，小年的过年日也是3天，这称为过双大年。彝族过双大年时特别隆重，大年的第一天叫迎祖日，第二天叫祭祖日，第三天叫送祖日，过年活动主要都是围绕祭祀祖先展开。这样一来，十月历的年长就是365.25天，和先秦时代的实际天文数据相符。

第二种过年的规矩是来自四川大凉山地区的彝族调查，他们仍然是一年有两个新年，但是把五月末或十月末之后的5~6天集中用来过年，而另一个新年，就是把相应的半年前的十月末或五月末的最后一天算作新年罢了。这个5~6天的过年日里面，第一天堆柴火，第二天杀猪宰羊正式过年，第三天和第四天全家团圆不能外出，第五天举行祭祖活动。

从上面的介绍可以看出，无论是对哪个地区的少数民族，十月历的过年日都是5~6天。不同之处只是把这几天集中过，还是分别放在夏至和冬至来过。

过年日的纪日

由于十月历每个月都包含36天，用十二支来纪日，经过三轮之后进入下一个月。这样一来，每个月的第一天都是相同的地支。那么每年多出来的5~6天，是否也要按照地支来记录呢？如果它们也按地支排列，那么下一年的第一天，就不会和上一年的第一天是同一个地支了。这个问题的答案是比较复杂的。从文献来看，我认为至少有两种情况。

第一种来自在20世纪80年代对云南小凉山进行调查时，彝族的一些毕摩的诉说记录。小凉山彝族是凉山彝族的一部分，保留着很多较为古老和优秀的传统文化。而毕摩是彝族传统宗教中的祭司。在彝语中"毕"为举行宗教活动时祝赞诵经，"摩"意为长老或老师。毕摩产生的年代久远，毕摩文化作为彝族文化的核心，是研究彝族文化的一个重要方面。在过去，毕摩一般都是族群中最有文化传承的人，他们负责观察天象，制定历法。

据毕摩介绍，在云南小凉山的彝族传统中，用来过年的5~6天，不计入某个月中，因此，这几天是没有十二地支的纪日相对应的。

那是不是说对这过年的5~6天来说，干支纪日中断了呢？答案是，如果按照这一传统来看，连续纪日的方式的确是中断了几天。不过需要注意的是在十月历中，用十天干来纪月、用十二地支来纪日的方法，并不是真正的干支纪日法。因此，这种中断，不能理解为干支纪日的中断。只能说对过年的这几天，在彝族传统中是特殊对待的。

实际上，在彝族传统中，并不是使用十二地支来表示每个月中的日子的，而是使用十二属相来纪日的。因此，彝族人会说鼠日、牛日、虎日等，而不是子日、丑日、寅日等。不过由于地支和属相是一一对应的，并不影响十月历的规则。

十月历处理过年日还有第二种方法，就是把每一天都按十二属相的顺序记录下来，没有中断。如此一来，在经过一定周期之后，就又会回到开始的样子。这个说法主要来自四川大凉山地区的彝族，在他们的十月历中，有一个"八方之年"的纪年法。

所谓"八方"，指的是八个方向，分为大四方和小四方，大四方是东、南、西、北，小四方是东南、西南、西北、东北，大四方和小四方相加共有八个方位。其实，这些方位在八卦中称为四正和四维。与中原地区沿用的传统八卦类似，彝族也有八卦。

这八个方向，要从东方开始算起，每个方向对应一年。第一年的365天叫作"东方之年"，第二年的365天叫作"东南之年"，第三年的365天叫作"南方之年"，以此类推。略微不同的是，第四年的"西南之年"是366天，而第八年的"东北之年"也是366天。其余的方位都是365天。可以验算一下，在这样经过两轮八方之年后，所有的干支纪历就重新回到开始的样子。在两轮内，每一年的第一个月第一天的地支都不同。

假如第一年东方之年的第一天是鼠日，在这一年中每个月的第一天都是鼠日。那么，第二年东南之年的第一天的属相是什么呢？容易计算，因为第一年多出5天，所以到了第二年的第一天，就是从子鼠开始，向后推移5个地支，那就是巳蛇。可见第二年东南之年的第一天是蛇日，全年每个月的第一天都是蛇日，可见，这一年的特点是蛇年。

在经过一轮八方之年后，多出来的过年日一共是42天，显然它不是12的倍数，经过计算知道，此时第二轮八方之年的第一年的第一天是马日。那么，经过两轮八方之年后，过年日多出来的一共有84天，正好是12的倍数。因此，在第三轮八方之年的第一年第一天，纪日的属相又是鼠日，回到最初了。这就是彝族十月历中特殊的"八方之年"的纪年法。也是十月历中，把过年日也按照属相顺序计入纪日的办法。可以看出按照十月历的这种纪历规则，两个八方之年，即16年是一个属相的循环周期（图5-1）。

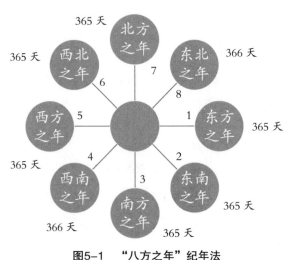

图5-1 "八方之年"纪年法

十兽历

学者们在调查西南省份一些地区遗留的彝族十月历的时候发现，他们并不是用十天干来记录每个月的名称，而是用十种动物来记录每个月的名称，这称为"十兽历"。

这十种动物，分别是老虎、水獭、鳄鱼、蟒蛇、穿山甲、鹿、羊、猿猴、豹和四脚蛇。因此，彝族的先人们实际上是把十月历的每个月叫作虎月、水獭月、鳄鱼月，等等。

把这10种动物和12属相的那些动物相比较，会发现它们有所不同。12属相的动物几乎都是人类驯养的，而这10种动物却几乎都是野生的。从这些动物可以看出，彝族十月历的历史可能更加悠久，这些野生动物，至少说明十月历开始于人类文明较早期的狩猎时代，而非后期的农耕时代。

时间的转折点

我们知道，在汉语中，"年"这个字从甲骨文来看，是谷物成熟的意思。这反映了中原民族的先人们很重视农耕，他们用作物成熟的周期来表示年这个时间概念。但是，在彝族语言中，把十月历的年叫作"库"，是转折的意思。显然，这与汉字的含义有所不同。

为什么年是转折的意思呢？原来，这表明了十月历自古来自天文观测。

我们说过，十月历每年有两个新年，分别在夏至和冬至。从地球上观察太阳一年中在天空中的运动，不难发现太阳有两个特殊位置，一个是它位于天空中的最南点，一个是位于天空中的最北点，这两个时间点分别称为冬至和夏至，分别代表一年中冬夏两时。"至"表示极点的意思，这两个极点正好是太阳运动开始折返的时间点。上半年太阳逐渐向北运动，越来越高，到夏至日到达最高，在这一天开始折返，调头向南回归。下半年太阳逐日向南运动，越来越低。到了冬至日，到达最低点，在这一天开始折返，调头向北回归。

可见，冬至和夏至是太阳在一年中的两个折返点。所以在彝族语言中，"年"就是转折的意思。这充分表明古人是靠观察太阳的运动来制定十月历历法的。

关于观察太阳的方法，大家最熟悉的是用圭表来测日影。圭表法起源于立竿测影。古人早就知道利用一根树立在地上的竿子，通过观察竿子投射的影子，来测定时间和方位。

此外，古代还有靠观察日出日落的方位来定时间的。常见的方法是，在固定的地方，观察每一天的日出方位。这样也会发现一年中太阳的两个转折点，一个在夏至，一个在冬至。

例如，在山西省襄汾县陶寺村，考古学家们发掘了一处以龙山文化为主的古代遗址，距今4000多年，对应的是尧帝时代。陶寺遗址对复原中国新石器时代晚期的社会性质、国家产生的历史，及探索夏文化的起源，都很有价值。学者们在陶寺遗址发现了一处古代的观象台，形成于公元前2100年，比英国著名巨石阵观象台还要早500年。对陶寺遗址的研究工作目前仍在进行中。

在这里发现一些古代建筑物的地基尚存，学者们推测这个建筑群由13根夯土柱组成，呈半圆形排列，从圆心处的观测点，通过土柱之间的狭缝，可以观测东方塔尔山的每天日出方位。当日出恰好在某个狭缝中时，就是其对应的节气点。例如，考古队通过在原址复制模型进行模拟实测，发现从第二个狭缝看到日出时恰好为冬至日，从第12个狭缝看到日出时是夏至日，而从第7个狭缝看到日出时为春分、秋分。

另外，靠观察日升日落的方位来定时节的方法，在《山海经》中也有记载。我国科技史专家吕子方在20世纪80年代撰文指出，在《山海经》的《大荒东经》和《大荒西经》中分别有六座日出之山和六座日入之山，它们是远古时期人们用来测定季节的标志。原来，古人在固定的地点，观察每天日出和日落，当太阳正好位于这些山的山峰位置时，对应的某个时节就到了。

吕先生最早提出把《山海经》的记录与天文观测联系起来。不过，他表示由于只有六座日出之山和六座日入之山，无法与一年的12个月或者二十四节气相对应，因此，他并未完全揭晓谜底。

后来，科技史专家陈久金先生指出，如果用十月历来解释，这个问题就能得到完美的解答了。原来《山海经》所记载的六对日出和日入之山是用来观测制定十月历的标志，它们分别对应一年中的十个月每个月初的日出和日落方位。这些研究表明《山海经》远非古代的传奇故事和魔幻小说，而是有着严肃的科学和真实的历史含义的。

除了观察太阳的运动之外，古人也靠观察星星的运动来制定十月太阳历。他们所观察的星星，主要有北斗七星和大火星。

有学者考证认为，在《夏小正》中记载了用北斗七星定十月历每个月的方法，例如，正月"斗柄悬在下"，六月"斗柄正在上"。而这是一些少数民族"星回节"的出处。古人正是靠观测北斗斗柄在一年中的转动方向，来定十月历的两个新年的，即"斗转星回"的意思。

在《诗经·七月》中有著名的诗句"七月流火"，记录的是古代天文学家通过观察大火星定季节和历法，而这个历法也可能是十月历，这些以观测大火星为主的天文学家在古代称为"火正"。这种十月历的新年，可能就是流传至今的"火把节"。

第六章
传统纪历法

　　在历法中，给年、月、日、时按顺序分
别命名的方法，叫作纪历法。我国的传统纪
历法不但起源很早，而且内容丰富，具有深
刻的文化内涵。

▶▶

第六章
传统纪历法

在历法中，给年月日时按顺序分别命名的方法，叫作纪历法，具体分为四种：纪年法、纪月法、纪日法、纪时法

纪年法

- ◆ 王位纪年法：以某王即位的当年为第一年，称"元年"以下的年分按顺序递增，最早出现在周代

- ◆ 帝王纪年法：秦朝开始，改为"帝王纪年法"，按帝王的名称命名，如"秦始皇二十七年"

- ◆ 年号纪年法：专门用于纪年的名号，由帝王发起，可更改，由汉武帝刘彻首创，在位期间有11个年号

- ◆ 公元纪年法：源自西方宗教，以耶稣诞生之年作为纪年的开始

- ◆ 岁星纪年法：岁星是古人对木星的称呼，用岁星的运动规律参照来纪年，因误差造成"岁星超次"

- ◆ 太岁纪年法：为消除岁星的误差而人为设置的一种纪年法，希望用假想的太岁，取代自然界的岁星

  《周礼·春官》
  "岁星为阳，右行于天，太岁为阴，左行于地"
  二者运动的方向相反，岁星在天上，太岁在地上

- ◆ 十二支纪年法：战国时期，人们逐渐把十二地支与十二属相结合在一起，同时用来纪年

- ◆ 干支纪年法：从汉代开始，十天干和十二地支相配合纪年，也称"六十甲子"
  ①十天干对应阴阳五行 ②十天干与十二地支按照顺序相配

- ◇ 注意：古代官方历法正式行用，包括史书普遍采用的，一直都是帝王纪年法。岁星、太岁和十二地支等各种纪年法，都是附属的纪年法

纪月法

- ◆ 十二斗建纪月法："斗建"是与北斗相关的历法体系，属阳历。十二地支和十二月对应，在地支前加"建"字，如"建寅月"

- ◆ 干支纪月法：十天干和十二地支配合纪月，属阳历，60个月一周期，规律口诀"五虎遁"

- ◆ 序数纪月法：用一、二、三等数字按顺序记载月份，适用阴阳合历的月份

- ◆ 时节纪月法：一年分四时，每一时分三个月，用"孟、仲、季"表示

纪日法

◆ 干支纪日法

十月历：十天干纪月，十二地支纪日
斗建月：十二地支纪月，十天干纪日
干支纪月日在不同历法中，位置互换，作用不同

◇ 岁月的古老名称 ◇

"月阳"和"月名"是两种纪月方法
十"岁阳"和十二"岁阴"是两种纪年方法

纪时法

- ◇ 十二时辰：把一日分为12时，叫作"十二时辰"，一个时辰对应今天是2小时

- ◇ 一日百刻：把一日分为100份，每一份称"一刻"

- ◆ 干支纪时法：采用干支纪时，规律口诀"五鼠遁"

- ◇ 纪历八字：古人把年月日时合称"四柱"，反映某时刻的四个干支对，一共八个参数，叫作"八字"

四种纪历法

在第一章中曾经介绍，与历法有关的时间单位主要有四个：年、月、日、时。这些时间周期都来自于对日、月、星辰运行规律的观察，而天体的运行周期不会刚好是整数倍的关系，因此，自古以来，制定历法的主要任务就是来协调这四者之间的长度关系。除此之外，还要用不同的名称来区分它们，也就是要给年、月、日、时按照顺序，各自赋予名称，就是纪历法。具体到给年、月、日、时分别按顺序命名的方法，就叫作纪年法、纪月法、纪日法和纪时法，统称纪历法。

第五章中介绍的我国古老的十月太阳历，是用甲乙丙丁等十天干来纪月的名称，这就是一种纪月的方法。

先来看看我国的传统纪年法有哪些。

说到纪年法，读者最熟悉的要数干支纪年法，例如，辛丑年、壬寅年等。它是将十干与十二支相互配合，来对某一年给出名称，简明易懂，使用方便。不过在我国古代，并不是一步到位，一开始就使用干支来纪年的。下面按照发展过程，介绍历史上比较重要的几种纪年法。

需要说明，在文化方面并不存在绝对的正误之分，任何文明在历史上所取得的成就也非一日之功，不能因为当前的某些需要就去夸大古人，抑或质疑古人。世界上任何古老文明都有光辉灿烂的历史成就，也许并不相同，也许没有谁更高级，谁更正确。科学研究要有科学精神，实事求是是必要的前提。在没有出现新的证据之前，不能把今人的推测作为历史的事实来使用。

关于历法史，学界比较公认的结论似乎比较保守一些，但基本都有较为坚实的考古文物或文字史书等作为依据。关于纪年方法在民间流传着很多说法，不少都比学界的结论更加激进。在这里恕不加采用，敬请谅解。

王位纪年法

一般认为我国古代最早使用的纪年法是王位纪年法，即以某王即位的那一年为第一年，称"元年"，以下的年份按顺序递增。

截至目前的考古发现，殷商时代的甲骨文是我国最早的文字。从文字记载来看，在商代以前并未发现用数字或者其他特殊符号来纪年。王位纪年最早出现在周代，是以周天子在位年数为序的纪年。学界一般认为我国历史上最早有明确纪年的年代是"共和元年"，这是在公元前841年。从这一年开始，我国古代历史记载的大事件，都以编年的形式有了明确的时间定位，每个君主在位的时间长短，以及他们在位时每一年发生的重要历史事件，都能完整地接续起来。

为什么是从共和元年这一年开始呢？在我国古代的第一部正史《史记》中，司马迁提出在共和元年以前，历史年代考证都比较模糊，只记录了三皇五帝的谱系，而没有记录具体的年代。而在共和元年发生了重要的事件——国人暴动，周厉王逃离镐京，周朝进入新的统治阶段。这对当时的政体是一个不同寻常的冲击，各国史书必然重墨予以记录，包括孔子整理的《春秋》等，这就产生一个共有的清晰的时间点，司马迁整理史料也就能校对出时间起点。所以从这一年开始，古代历史的时间脉络清晰起来，并连绵至今。因此，可以说从这一年开始，古代历史是连续可查的。

那么是不是说在共和元年以前，就没有王位纪年法呢？不是的。据说在《竹书纪年》中就发现了"尧元年丙子"的文字，而在后世出土的青铜器铭文上也有其他的纪年文字，但是这些纪年到底曾沿用了多少年、这些纪年到底对应历史中的哪一年等一系列问题，都尚不清楚。因此，类似的早期纪年并不为学界所采信。换句话说，在公元前841年前，历史事件的记录在时间上是不完整的，因此传统上不把那些年代的历史记载作为可信的证据。

帝王纪年法

从秦朝开始，古代社会从封建时代进入帝王专制时代，仍然继续沿用过去的纪年法，不过准确的名称应改为"帝王纪年法"。它是按照帝王的名称来命名，例如，公元前221年，称"秦王政二十六年"，秦王嬴政灭齐国，统一全国，称始皇帝，第二年就叫作"秦始皇二十七年"。公元前209年胡亥继位，为"秦二世元年"。

到了汉朝，起初是以汉高祖开国的时间作为纪年的起点，例如，汉惠帝继位是在"汉十二年"五月。在汉高后吕雉临朝称制之后，年代都叫作"高后若干年"，例如，"高后八年"闰九月刘恒继位，是为汉文帝。

年号纪年法

从公元前140年，也就是汉武帝刘彻时期开始，使用年号纪年法。

由于帝王纪年法是随着统治者的名号而定，每个帝王只有一个名号，它不随时间改变。而年号则不同，年号是专门用于纪年的名号，由帝王发起。每个帝王在位期间，可能有不止一个年号，当遇到祥瑞、大灾、战争等重大事件时，帝王往往会改用新的年号。

汉武帝刘彻即位后首创了年号，第一个年号为"建元"，建元元年是公元前140年。公元前135年改年号为"元光"，之后汉武帝又多次改年号，刘彻在位期间一共有11个年号。从他开此先河之后，历代帝王都会使用不止一个年号。

最喜爱改变年号的要数唐高宗李治，他在位34年，共使用过14个年号。在历史上，高宗时期大唐朝的版图达到最大。关于这个功绩，人们往往记不太清楚，倒是他的皇后举世闻名，她就是武则天。

一般来说，当先皇在某年的年中去世后，则继位者仍使用当前的年号，到新年时再改元。

到了明清两朝，皇帝大多是一人只用一个年号。因此，后人就干脆把他们在位时期的年号作为对这位皇帝的称呼，例如，永乐皇帝、康熙皇帝等。其实，"永乐"和"康熙"是这两位皇帝的年号，而非像汉武帝、唐高宗等这样的庙号。假如按照传统习惯，用庙号来称呼帝王，永乐皇帝朱棣应称明成祖，而康熙皇帝爱新觉罗·玄烨应称清圣祖。玄烨在位61年，年号只有一个，就是康熙。

作为帝王纪年的年号制度，从中国古代发端，后来也在中国周边国家使用，例如，朝鲜、越南等。目前仍在使用年号的国家是日本。2019年日本第126代天皇德仁即位，定年号为令和。

公元纪年法

20世纪初，在我国随着帝王制度的废除，年号纪年法也同时废止。从1912年民国政府开始采用新的纪年方式——国家纪年，1912年是民国元年，历法则使用西方的格里高利历。1949年中华人民共和国成立，主要历法采用格里高利历，主要纪年方法采用公元纪年法。

公元纪年是源自西方宗教的纪年方法，也称为基督纪年，或西元，它以耶稣诞生之年作为纪年的开始。第二章讲过，公元纪年法并非是在公元元年开始使用的，而是在公元532年的时候，由教会决定并逐渐开始使用的。在公元532年之前的所有年代，都是从那时倒推得到的。公元532年前，是用教皇在位的时间来做纪年法。

要提醒读者，历史上只有公元元年，而没有公元零年。在做公元前和公元后的年代换算时，要格外注意这一点。

岁星纪年法

在我国古代，与王位纪年法和帝王纪年法并行使用，甚至混合使用的，还有一些纪年法。

例如，岁星纪年法。

岁星是我国古代对木星的称呼。在肉眼可见的五大行星中，木星的亮度仅次于金星，用木星在天空中的运动位置作为纪年方法，充分体现了观象授时的传统。

我们知道，岁是回归年的意思，反映的是一个阳历年的周期。把木星称为岁星，表明古人早就注意到木星这颗星的运动规律，并可以用来纪年。

中国古人为了研究日月五星的运动，特别是月亮在一个月的周期之内的运动，将其所经的天区划分为二十八宿，月亮每晚运动到一宿中。差不多为了同样的目的，古人按照一年的十二个月，每个月太阳运动到的天区，把天空中的赤道划分成十二等分，称为"十二次"，也叫"十二星次"。

由于十二星次只与太阳的运动有关系，因此，自古都是把它的划分界线与节气相关起来。从冬至所在的月开始，太阳依次运动到十二星次中，按照顺序分别是：星纪、玄枵（xiāo）、娵訾（jū zī）、降娄、大梁、实沈、鹑（chún）首、鹑火、鹑尾、寿星、大火、析木。

《汉书·律历志》中有："星纪，日至其初为大雪，至其中为冬至。"意思是说，当太阳运动到星纪这一星次的开端之处时，是大雪节气的时刻，而当太阳位于星纪次的中间位置，则是冬至时刻。由此可见，十二星次的分界点对应十二节气，而它们各自的中间点对应的是十二中气。

十二星次最初只是为了反映太阳在一年中的运动位置而划分的，以说明节气的变换。这一点颇类似于西方的黄道十二宫。不过，我国古代早期的十二星次，不是沿着黄道，而是沿着赤道方向划分的。

除了观察太阳，古人还在晚上观察木星的运动，发现它的运动很有规律。《史记·天官书》认为岁星"岁行三十度十六分度之七，率日行十二分度之一，十二岁而周天"。也就是说，人们观察岁星的运动周期，发现它正好是十二年运行一周天。这样一来，便与十二星次相联系起来：岁星每年运动经过一个星次。

由于太阳每年都在天空中的黄道上运动一周，周而复始，因此不可能用太阳来区分不同的年份。人们就很自然地想到，可以用岁星每年在星空中的位置，来区分不同的年份，这就是用岁星来纪年的道理。

当岁星运动到某个星次的那一年，就称那一年为"岁在某某"。例如，《左传》《国语》中就有"岁在星纪""岁在析木"等记录。其中最有名的是《国语》中记载周武王讨伐商纣王的年代"武王伐殷，岁在鹑火"。

我们知道，包括岁星在内的行星，它们在天空中的运动方向，和太阳的周年运动是一致的，都是沿着黄道附近自西向东运动。因此，这十二星次的排布顺序，在天空中也是自西向东的。

十二星次的名称在《淮南子·天文训》《史记·天官书》《汉书·天文志》上都有记载。完整的十二星次名称最早出现在《汉书·律历志》上，而学界认为十二星次最早出现至少是在周代。

周代采用的是王位纪年法，为什么还要用岁星来纪年呢？

实际上，这与周代社会的发展有关系。当天下有共同的天子时，王位纪年法是可行的，但是到了春秋时代之后，周王室衰微，诸侯争霸，群雄并起，史不记时，君不告朔，天子名存实亡，各地政权纷纷独立，开始使用自己的纪年法。这样一来，各国之间的交流便遇到问题，例如，纪年的年代就出现相互对应的混乱。于是，需要有一种客观的、能方便观察到的直观的纪年方法，来做换算的对应。既然在天空中，有明亮的岁星按部就班地运动着，人们干脆就用它做参照来纪年。这就是岁星纪年法出现的历史原因。

十二星次的名称主要来自三个方面：著名的代表人物，如玄嚣、实沈、大火（阏伯）；各方民族和诸侯国，如娵訾、降娄、析木、大梁；南方部族的鸟图腾。从这些名称的来源看，学界认为十二星次主要与古代的占星术有关。到了明末欧洲天文学传入我国，曾以十二次的名称来翻译黄道十二宫的名称，如把"摩羯宫"转译为"星纪宫"。

太岁纪年法

尽管岁星纪年法相当直观，但是木星的运动周期并不是年的整数倍。木星在天空中的运动周期实际上是11.86年左右，不到12年。因此，使用岁星纪年，不出一个世纪就会出现误差。例如，经过7个岁星周期，岁星走过84个星次，应该纪年为84年，但是实际上时间才过去了83年。这就是"岁星超次"的现象。

古人很快发现了这个问题。在《左传·襄公二十八年》中就记载了"岁在星纪，而淫于玄枵"，意思是说时间还在星纪，但是岁星已经运动到玄枵了。至迟在春秋末期人们已经认识到岁星运动太快，于是就改变岁星纪年法，发明了太岁纪年法。

太岁纪年法是为了消除岁星的误差而人为设置的一种纪年法。太岁是人们假想的一个在地上以观察者为中心，随着时间作围绕运动的物体，它从北方开始，按照东、南、西、北的顺序，十二年转一圈。用太岁所在的十二个方位来表示十二年，这就是太岁纪年法。实际上，人们希望用太岁这个假想的东西来取代自然界的岁星。从此，纪年法开始摆脱了观象授时的阶段。

那么如何来标记地上的这十二个方位呢？

大家都很熟悉，东西南北是地上的四个方向。实际上关于地上的方位，古代还有很多名称和分法，例如，可分为八个方位，称为八方；也可分为24个方位，称为二十四山等。春秋时就有划分十二个方位的方法，人们把它与十二地支对应，正北方为子，正东方为卯，正南方为午，正西方为酉。俗话中常说的子午卯酉，实际上就是指东南西北四个方向。要注意，这十二个方位是在地上所作的标记。

太岁就是在地上顺着这十二个方位的顺序转圈圈的（图6-1）。每年运动到一个方位上，例如，第一年太岁在正北方，就是子位，叫作"太岁在子"。第二年太岁运动到下一个方位丑位，在北偏东30度，叫作"太岁在丑"。以此类推。十二年一周，太岁重新回到子位。

由于太岁是人为规定的，因此它的运动速度是均匀的，12年一周，不会出现像岁星那样所谓的超次现象。

另外，不难发现，太岁在地面上从子到卯到午到酉的转动顺序，是自东向西的转动方向。其运动方向与岁星的自西向东的运动方向正好

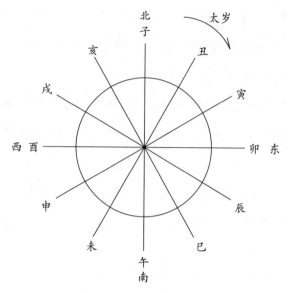

图6-1 太岁与十二方位图

相反。

有网文说太岁本来是天上的假想物，这个说法并不确切。太岁始终是在地上的，天上的是它的映射。关于岁星和太岁，东汉的郑玄在为《周礼·春官》做注时，讲得非常明白："岁星为阳，右行于天，太岁为阴，左行于地。"他不但说明了二者运动的方向相反，而且也指出岁星在天上，而太岁是在地上的。

从太岁纪年法，不难看到今天干支纪年法的雏形。用太岁来纪年，实际上就是一种人为规定的纪年法，把12年作为一个周期，分别用子丑寅卯十二地支来对应每一年。

关于太岁的名称，在《汉书·天文志》中把它叫作太岁，司马迁在《史记·天官书》中把它叫作"岁阴"。而在《淮南子·天文训》中，它则称为"太阴"。这些指的都是一个东西。

由于岁星超次的问题，岁星纪年法并没有使用很久，而太岁纪年法至少在战国时期就已经得到了应用。

太岁纪年的另类名称

喜欢读古代典籍的同学，可能会发现古人在采用太岁纪年法时，实际上并不是真地说"太岁在子""太岁在丑"之类的，他们常使用的是另外一套名词。

在我国历史上第一部辞典《尔雅》中，明确给出了太岁在不同方位时，其对应的纪年的另一套名称。在《释天》篇中有："太岁在寅曰摄提格，在卯曰单阏（chán yān），在辰曰执徐，在巳曰大荒落，在午曰敦牂（dūn zāng），在未曰协洽，在申曰涒滩（tūn tān），在酉曰作噩，在戌曰阉茂（yān mào），在亥曰大渊献，在子曰困敦，在丑曰赤奋若。"

例如，在《吕氏春秋》中，就有"维秦八年，岁在涒滩"的记载。这句记载用今天的话说，就是"秦王八年的时候，太岁在涒滩"，查一下《尔雅》就知道，涒滩对应的十二地支是申，说明这一年是个猴年。

太岁的这套另类名称，写起来复杂，读起来更是拗口。其实在古代，也只有少数知识分子才明白这套名称到底是啥意思。这也许就是学习天文历法的门槛吧。

上面介绍了我国古代早期的三种纪年法，分别是王位纪年法、岁星纪年法和太岁纪年法。其中岁星纪年法和太岁纪年法，一般合称"星岁纪年法"。

十二支纪年法

由于岁星运动周期是11.86年，并不是年的整数倍，因此有岁星超次的现象，渐渐地人们不能靠观察岁星来纪年。于是就干脆假想出来一个地上的替代物——太岁用来纪年。此时，表明古人已经不再主要靠观察天象来纪年，而是按照人为的周期来纪年。太岁纪年法并没有行用很长时间，到了战国时期，很快就改为用更加抽象的十二支来纪年。

在古代流传的十月历中，每个月中用十二属相作为一旬来记时。后来人们逐渐把十二地支与十二属相结合在一起，同时用来纪年。用十二属相来作为纪年的周期，这个习惯从2000多年前，一直沿用到今天。尤其是在民间，老百姓习惯采用十二种动物来区分每年出生的人，因此也叫作"十二生肖"。

需要注意的是，我国古代在官方历法中正式行用的，包括史书普遍采用的，一直都是帝王纪年法。岁星、太岁和十二地支等各种纪年法，都是附属的纪年法，不是主要的纪年法。

干支纪年法

干支纪年法指的是将十天干和十二地支相配合用于纪年。由于干支相配是以60为周期，因此干支纪年的周期是60年一轮，也称为"六十甲子"。

为什么六十甲子的纪年法能够沿用几千年？这是因为60年的周期，差不多和古代一个人的寿命相当，非常方便用来记录与人物相关的事件发生的时间，因此一直得到广泛使用。

　　那么我国古代是从什么时候开始正式采用干支纪年法的呢？答案是从汉代开始的，这恐怕晚于很多人的想象。

　　汉武帝时期历法改革，行用太初历的时候，使用的是太岁纪年，同时也有干支相配合纪年的用法，但较混乱，都不是官方发布的。到了公元85年，汉章帝元和二年，进行了一次历法改革，皇帝下令在全国推行干支纪年。从那时起，干支纪年始见于史书的记载，并从此固定下来，一直延续至今。在这两千多年间，每一年都有一个干支对应。

　　当然，把天干与地支相配用来给历法做纪，并不是从汉代才有的。公元前720年，也就是从鲁隐公三年开始，古人就已经开始正式采用干支来纪日了。

　　干支纪年法为什么这么晚才出现呢？实际上，很重要的原因之一是占星术在汉代的再次复兴。

　　我们知道，古代天文历法的主要目的之一是为帝王做星占，那时的天文家都是占星家。随着周王室的衰微，诸侯并起，打破了由周王朝少数天文学家垄断历法的局面。各诸侯国由于发展农业生产以及政治上的需要，都极其重视历法的研究，本来服务于周天子的占星家就分散到各个诸侯国，自谋出路。到了战国时期，百家争鸣，占星术也是百花齐放。但是，秦始皇统一六国，称帝之后，创立郡县制，废止了千百年来的分封制度，必然引起社会上一些人士的反抗。为了统一理念，防止有人以古非今，于是采纳了丞相李斯的建议，下令将史书和其他书籍，付之一炬。此后不久，楚汉相争，项羽攻入咸阳，又是一把大火，咸阳城足足烧了三个月，几乎将各类典籍化为灰烬。经过这秦、项二把火，上古流传的许多文化宝藏，便从此不见天日。到了汉代，随着帝王专制制度的完善，皇帝地位逐渐巩固，传统文化才逐渐复兴。

本来以12年为周期来纪年，已经可以基本满足民间的需求。但是在占星术士看来，在年的层面上，只有十二种划分，变化因素太少，不便于推算和占验。加之汉朝初期皇帝都比较相信谶纬之说，于是这些占星术士需要增加纪年法中的变化量，就将古代十月历的十天干，也运用到纪年法中。此时已经有纪月用的十天干，纪日用的十二地支或十二属相。于是，他们自然想到可以把干与支相配合用来纪年，这样一来，就丰富了占星的变量和内容，自然也就有了应用和推广的价值。

其实西方的占星术也是这个道理，假如只有太阳所在的黄道十二宫，那么天下人的命运岂不只有十二类了？变化的因素太少，很难占卜。于是西方占星术也加进月亮和行星等在天空的位置，作为占星术中用于计算的参考变量。这样一来，情况就会变得比较复杂，便于实际应用。

在生活中经常会遇到干支纪年，有两点要注意：

第一点，在"干支"这一对概念中，十二地支来自十二方位，早期对应的是十二生肖，而十天干则来自十月历，其本质是"五行加阴阳"。那么干支加在一起，从本质上看，所反映的就是在纪年中把生肖与阴阳五行的叠加。

这里先介绍把十天干对应阴阳五行的概念。五行的排列有不同的顺序，按照五行相生的顺序排列，是木—火—土—金—水，而五行和十干，也就是十个月的对应关系是：木代表甲、乙，火代表丙、丁，土代表戊、己，金代表庚、辛，水代表壬、癸，如果再各自加上阴阳属性，按照单数为阳，双数为阴的习惯，它们分别是：甲是阳木，乙是阴木，丙是阳火，丁是阴火，戊是阳土，己是阴土，庚是阳金，辛是阴金，壬是阳水，癸是阴水。这样一来就能看出，十天干实际上就对应了阴阳五行（表6-1）。

表6-1　十天干与阴阳五行的对应

十天干	甲	乙	丙	丁	戊	己	庚	辛	壬	癸
阴阳五行	阳木	阴木	阳火	阴火	阳土	阴土	阳金	阴金	阳水	阴水

在藏族的历法中，也是用干支纪年法，不过它的十天干不是用甲乙丙丁等，而是直接使用的阴阳五行这套名称。纪年用的十二支，则对应的是十二生肖。例如，2022年，农历是壬寅年，而藏历则称之为"阳水虎年"。

当然五行的顺序还有其他的排列，例如，洪范五行法。彝族的十月历就是按照这套五行的顺序来纪月的。

第二点，十天干与十二地支是按照顺序相配，而不是一一逐个相配。具体说是从十天干中取第一个元素"甲"，与十二地支的第一个元素"子"，二者相配形成"甲子"。接下来，用十天干中的第二个"乙"，与十二地支的第二个"丑"相配形成"乙丑"，而不是用十天干中的甲，与十二地支的丑相配，也就是说没有"甲丑年"。

这是由于天干是十个，而地支是十二个，它们都是偶数个，因此，无论怎么组合，总是天干中的奇数位元素，与地支中的奇数位元素相配，天干中的偶数位元素与地支中的偶数位元素相配。永远不会出现奇数位与偶数位相配的情况。因此，就不会出现甲丑年、乙子年，等等。

十二斗建纪月法

古代常用的纪月法主要有：斗建纪月法、十二地支纪月法、序数纪月法、干支纪月法、时节纪月法、还有专名法等。

先来看斗建月。"斗"就是指北斗。"斗建"就是与北斗相关的历法体系。

自古以来，在漫天星辰中，北斗星一直都十分醒目。由于它靠近北天极，从中纬度以上的地区来观察，它永远不会沉入地平线以下，在各个季节的晚上都能看到。从我国传统星官的布局来看，北斗位于紫微垣附近，虽然有岁差的影响，但由于它在北极天区中，千万年来尽管北极星换了一代又一代，但是无论什么年代，北斗都是全天的中心，始终受到人们的重视。

在《尚书·舜典》中记载有"在璇玑玉衡，以齐七政"。这里"在"是观察的意思，而"璇玑玉衡"指的就是北斗星。意思是说，当年舜从尧那里继承统治权的时候，就是靠观察北斗七星，定下历法，从而指导农事和管理国家的。"璇玑玉衡"后来还成为古代观天仪器的代称。

司马迁在《史记·天官书》中强调北斗的重要性："斗为帝车，运于中央，临制四乡。分阴阳，建四时，均五行，移节度，定诸纪，皆系于斗。"也就是说阴阳、四时、五行、纪历法等，都要靠北斗。实际上司马迁并没有过分夸大北斗的作用。古人很早就发现北斗的斗柄，可以用来指示方向和时间。北斗七星的斗柄就像天上一个大钟表的指针一样。每天的傍晚时分，观察它的指向，会发现在不同时间是不一样的，正好是一年转一圈，很有规律。

在《夏小正》中有："一月，初昏，斗柄悬在下。六月，初昏，斗柄正在上。"其对应的古代星象是一月黄昏的时候斗柄正在下，也就是指向北方，斗柄正在上就是指南方，此时正是六月。由于《夏小正》中的斗柄在上和在下，分别是在一月和六月，所以有学者认为它记录的是一年有十个月的历法，即古代的十月历。

除了十月太阳历之外，我国古代的阴阳合历，也用北斗来指示时间。在《淮南子·天文训》中有："帝张四维，运之以斗，月徙一辰，复返其所，正月指寅，十二月指丑，一岁而匝，终而复始。"

这段话十分明确地叙述了北斗斗柄的指向与一年十二个月的关系。子丑寅卯等是十二地支，是地上的十二个方位：子位对应正北方，午位是正南方，卯位是正东方，酉位是正西方。人们发现，当斗柄指向寅位时是正月，而当它指向丑位的时候，则对应十二月。

这样一来就得到一年十二个月的斗建月的名称：正月叫作寅月、二月叫作卯月，以此类推，十二月叫作丑月。也就是把十二地支和一年的十二个月对应起来。为了表明这种纪月的方法来自斗建，一般在地支前要加上"建"字来表示，例如，古人会说"建寅月""建子月"等。

斗建月是阳历

说到这里，可能有人会把现在农历中的正月、二月、三月等与十二地支的斗建纪月对应起来。其实，从原理上说，这种对应关系是不正确的。

我们知道，农历是阴阳合历，它的一个月是按照朔望月来计算长度，这样的话，农历的一年和365天的阳历回归年不同。为了尽量保持阴阳协调，农历安排闰月制度。这样一来，农历的闰年就有十三个月，和十二地支就不太方便对应了。

斗建纪月法是靠观察北斗的指向，也就是通过观察星空，而不是月亮，说明这个方法与星星有关，可以叫作"星历"。另外，由于是在傍晚的时候来观察北斗，因此它实际上和太阳的运动有关，这也就是说，星历可以看作是太阳历，而绝不是阴历或者阴阳合历。所以，与观察北斗斗柄的指向相联系的历法应是阳历。具体说，斗柄正指在12个方位的时间，分别对应的是12个中气。例如，斗柄正指北方，即子位的时候，是冬至时节。而正指东方，也就是卯位的时候，是春分时节。不同斗建月之间的分界点，是12个节气。

可见，所谓的寅月、卯月和辰月等，实际上是阳历的十二节气月，而不是农历的正月、二月、三月等。具体来说，寅月是以立春做开始，以雨水做中气，到惊蛰结束的这个月。而卯月，是以惊蛰做开始，以春分做中气，到清明结束的这个月。以此类推。

在历史发展过程中，人们在使用斗建月的基础上，慢慢地习惯了直接用二十四节气来划分月，便不再去观察北斗斗柄的指向了，从而离开观象授时的初级阶段。实际上，这种直接以节气作为分界点，以十二地支配十二个月的纪历方法，就是十二地支纪月法。

干支纪历属阳历

由斗建纪月法的特点，不难推断，干支纪历法应属阳历。

为什么这么说呢？十天干最早出自十月历，是属于太阳历，而十二地支出自斗建月，也属于太阳历。因此把十天干和十二地支合起来的干支纪历法，传统上也是按照阳历历法来安排的，而不是按照阴阳合历来安排的。因此，干支纪年、干支纪月都是以阳历为依据。

笼统地讲，新一年的干支纪年从立春之日开始的。为什么说是笼统呢？我们知道，一年的24个节气，每个节气点都有精确的交接时刻。例如，2022年的立春是在北京时间2月4日的凌晨4:51。因此准确地讲，壬寅年是从这个时刻点才开始的。打个比方，假如是在2月4日凌晨4:51分之前出生的宝宝，他的出生生肖还是牛，而不是虎。

不过读者可能注意到，每年的春节晚会上，都是在大年初一凌晨零点的时候，宣布农历新的一年来到。的确是这样，把正月初一凌晨子时作为农历新的一年开始，没有问题。但是，从原理上说，干支纪年是属于纯阳历的，它与农历这类阴阳合历没有关系。因此生肖属相的变换时间点，应该随着立春的时刻点来确定，而不是正月初一。

可见，人们常说的农历辛丑年、农历壬寅年，理论上讲这些词语并不是很确切。因为农历和干支历，不是一回事，二者不能混同。

干支纪月法

干支纪月法，是把十天干和十二地支配合起来用于纪月。由于干支相配组成六十甲子，因此，它以60个月为一个周期。一年有12个月，用干支纪月，就是五年一个周期。

假如只看十二地支，每年的正月都是寅月，二月都是卯月，但是加上十天干以后，就不同了。例如，2022年的正月是壬寅月，2023年的正月是甲寅月，而2024年的正月是丙寅月。五年为一个周期，也就是说从2022年开始，5年后的2027年的正月，就又是壬寅月了。

仔细观察每年的十二个月的天干，很容易发现这个五年的周期。它与干支纪年的年干有关系，既然是五年为周期，那么十年就是两轮。因此甲年和五年之后的己年，它们每个月的干支是一样的，例如，正月都是丙寅月。同理，乙年和五年之后的庚年，它们每个月的干支是一样，例如，正月都是戊寅月。以此类推。

为了方便记忆，古人把这种规律，总结为一段口诀，称为"五虎遁"：

甲己之年丙作首，乙庚之岁戊为头；

丙辛之年寻庚上，丁壬壬寅顺水流；

若问戊癸何处找，甲寅之上好寻求。

这个口诀反映的是在不同的年干，它的正月的月干的规律。例如，第一句，"甲己之年丙作首"，意思是说，凡是年干为甲或者己的年份，它的正月的月干都是丙。其余依次类推。

对于纪月来说，十二地支法是最自然的。因为一年有十二个月，对应十二地支，正好相配，天衣无缝。至于干支纪月，即把十天干加进来，从而用干支相配合来纪月，反倒显得不是很自然。

那为什么要这么做呢？表面的原因与干支纪年法的情况一样，主要也是因为占星术的需要。它把今年的正月和明年的正月，做某些区别，以利于星占。至于深层的原因，和传统文化有关系。

从历史来看，在我国古代，中原地区的文化是最具代表性的。而在这里呈现出来的典型文化，主要有东西两种：东方的夷文化、西方的羌文化。从天文历法上看，夷文化主要使用的是一年12个月的阴阳合历，而羌文化则主要使用一年十个月的十月太阳历。前者用十二支或者十二属相来纪月，后者则用十天干来纪月。到了夏朝时期，随着中原政权逐步走向统一，两种历法也相互融合，最终形成商代的阴阳合历。因此，把十天干和十二地支配合起来纪月，实际上反映的是古代的两种纪月方法。

序数纪月法

从传统来看，十二地支纪月法，以及干支纪月法，都是按照阳历来安排的。那么我们最熟悉的阴阳合历的月份，是怎么来纪的呢？这就是序数纪月法。

用一、二、三等这些数字来按照顺序记载月份的办法，就是序数纪月。农历一年一般是12个月，分别是正月、二月、三月，一直到十二月，等等。

其实，除了这12个序数名称之外，古代还出现过十三月、十四月的名称。这主要是因为阴阳合历有置闰月的缘故。

根据记载商代就已经使用了阴阳合历，古人知道在阴阳合历中，需要通过添加闰月来协调阳历和阴历的长度，那时候往往把闰月放在一年的年末，这就叫作年末置闰法，这个多出来的闰月，就叫作"十三月"。

据考古文献发现，在周代之前，由于置闰制度还不够完善，因此有的年份甚至出现过第十四个月的名称，即那时候一年中有两个闰月。后来随着置闰周期的逐步精准，从秦代开始基本就再没有出现过"十四月"了。

从汉代太初历开始，采用无中置闰法，也就是一年中第一个不包含中气的农历月要作为闰月。这个闰月的名称，按照规定要随着它前边的那个月的名称，加一个"闰"字。例如，2020年6月21日夏至日正好是农历初一，于是农历四月之后的那个月，就不包含中气，因此要置闰，叫作"闰四月"。而它的下一个月才称作农历五月。

在这些序数月里，有一些月有特殊的名字。例如，第一个月习惯称作正月，秦朝的时候，为了避秦始皇嬴政的名讳，正月曾经改称端月。十一月由于包含冬至，所以也常叫作"冬月"，而十二月由于与年末腊祭有关，也被叫作"腊月"。

正月的位置

自古人们就把一年的第一个月称作正月。实际上，我国古代历史上曾经出现过把不同的月份当作正月的情况。最著名的就是所谓的"三正"之说。

定位正月的基础是斗建纪月。《淮南子·天文训》有："正月指寅，十二月指丑。"按照斗建纪月法，斗柄指寅位的时候，就是建寅月，具体来看，它对应的是从立春开始，以雨水为中气，到惊蛰结束的阳历月。而在农历的规定中，则把包含雨水中气的农历月，称作正月。这种把寅月作正月的方法叫作"寅正"。按照传统的记载，夏代的时候，采用的就是这种办法来确定正月的，所以寅正也叫作"夏正"。

除了寅正之外，据说在商代采用的是"丑正"，即把建丑月的中气大寒所在的农历月作为正月。而此后的周代，则采用"子正"，就是把正月的定位继续提前一个月，把建子月的中气冬至所在的农历月当作正月。这就是所谓夏商周三代曾经采用过的"三正"之说：夏用寅正，商用丑正，周用子正。

对于夏商周三代以及以前的历史，如果记录事件的时候采用的是序数月，例如，说某件事情发生在正月，那么就一定要小心，要搞清楚那个时候的正月到底是对应的建寅月、建丑月，还是建子月。否则，时间可能会相差两个月。

同样的道理，既然正月的起点不同，那么后面按照序数记录的月，也要相应地错位。举例来说，夏商周三代，农作物收获季节所在月的名称，看上去就不太一样，但实际上也许都对应的是同一个时间。

从这个情况不难看出，采用序数纪月的方法，实际上存在潜在的问题，因为有可能不知道它采用的是什么正朔，不知道时间上可能存在的整体偏移。因此，从追求准确的角度来说，采用斗建月的方法来纪月，就不存在时间偏移问题。

在秦王嬴政建立秦朝之后，他为了采用与前朝都不相同的正朔，就在周代的子正的基础上，把正朔继续向前移动一个月，把亥月作为正月，史称"亥正"。

到了汉朝，一开始继续沿用秦朝的正朔，直到汉武帝改革历法，建立太初历，重新恢复了夏代的正朔，也就是寅正。在历史上，把寅月作为正月的习惯，自从太初历时开始基本就没有改变过，一直沿用到了今天。我们现在的农历，采用的就是寅正，或者叫夏正，它把包含雨水中气的月称作正月。因此，过去农历曾叫作夏历。

时节纪月法

除了比较工整的干支纪月法、序数纪月法之外，还有比较文艺范的纪月法，例如，时节纪月法。

我们知道，一年分为四时，每一时分为三个月，这三个月分别用"孟、仲、季"来表示。例如，春三月，分别是孟春、仲春和季春。这就是时节纪月法。

《黄帝内经·四气调神大论》中有："春三月，此谓发陈。天地俱生，万物以荣。"那么，"春三月"是从什么时间点开始算的？

开始于正月初一，这个答案不能算错，但也不是很确切。准确地说，是始于立春。之所以没说正月初一是完全错误的，是因为毕竟正月初一和立春，从时间上看，往往相差不了几天，具体从哪天开始，倒也不是那么要紧。

那么，从立春开始的道理是什么呢？

《四气调神大论》的"四气"，可以理解为时间的概念，指的是一年的四时——春夏秋冬。古人把一年分为四时八节。四时是四个时段，而八节是一年中最重要的八个时间节点：立春、春分、立夏、夏至、立秋、秋分、立冬和冬至。四时就是用八节来划分的。这样一来，春三月，是从立春开始的，而夏三月，是从立夏开始的。

准确地说，应把春夏秋冬称作"四时"，而不是"四季"。答案就在上面有关时节纪月的内容里。

专名纪月法

在古代有一些名词，专门用于给月命名，这就是所谓的专名纪月法。

在古代的词典《尔雅·释天》中有一套所谓的"月名"："正月为陬，二月为如，三月为寎（bǐng），四月为余，五月为皋，六月为且，七月为相，八月为壮，九月为玄，十月为阳，十一月为辜，十二月为涂。"

古代有些文人，就喜欢用这些月名。最有名的例子当属屈原的《离骚》，他开篇的头两句，就是自我介绍。"帝高阳之苗裔兮，朕皇考曰伯庸。摄提贞于孟陬兮，惟庚寅吾以降。"前两句介绍自己祖上的情况，谈到自己的出生年月，屈原用到"摄提贞于孟陬"，这里的孟就是孟仲季的孟，表明是四时的某一时中的第一个月，而陬字在《尔雅》中对应的是正月。此意即屈原出生于正月。有人说，实际上屈原说"陬"就可以了，而不必加上"孟"字。不过，这也许反映出屈原写《离骚》用词相当严密。

根据《尔雅》，"陬"是正月，但是到底是哪个正月呢？需知古代有三正之说，不同年代把不同的月当作正月。实际上，有学者研究说，所谓的子丑寅三正，并不能与夏商周三代一一对应。不过，所谓"三正"倒是反映了先秦时代以前，历法正朔混乱，尚未统一的现象。换句话说，在屈原生活的战国时代，不同的诸侯国采用各自的正朔是普遍现象。我们知道，屈原是楚国的大夫，楚国的正朔与周天子采用的可能是不同的。因此，屈原这里加上一个孟字，明确地把正月对应到孟春月，这样一来，就能知道屈原所在的国家采用的是夏正了。

假如没学过传统历法知识，就可能既不懂屈原这句话的梗在哪，也不知道屈原的良苦用心了。

说到《尔雅》这套月名，还有一个历史故事。有"千古第一才女"之称的宋代著名女词人李清照，他的丈夫叫赵明诚，也是一位有才华的文人。赵明诚自幼喜爱金石之学，也就是喜欢研究古代钟鼎彝器、碑碣石刻、考辨今古文字。他们夫妇两人写了一本《金石录》，著录了上古三代至隋唐五代以来，钟鼎彝器的铭文款识和碑铭墓志等石刻文字，是中国最早的金石目录和研究专著。

后人在读这本书的明代刻本的时候，发现在记录某事件发生时间的地方，有"牡丹朔"三个字。这是什么意思呢？经过考证才发现是刻书的明朝某人，把李清照夫妇底本上的"壮月朔"，错刻成了"牡丹朔"。这个刻书的人，可能没读过《尔雅》，他根本不知道有壮月这回事，于是就自作聪明，把"壮月"二字改成了"牡丹"。现在我们知道，"壮月朔"就是八月初一的意思。

我们翻看《尔雅·释天》会发现，就在这套"月名"的前面，还有一套叫作"月阳"的名称："月在甲曰毕，在乙曰橘，在丙曰修，在丁曰圉，在戊曰厉，在己曰则，在庚曰窒，在辛曰塞，在壬曰终，在癸曰极。"在古文献中，这套名词很少被用到。有学者认为，这套月名，可能就是十月历的十个月的名称，即甲月、乙月等的古老别称。

干支纪日法

根据文献记载，从公元前720年起，干支纪日法得到系统的应用，直到今天，前后历时2700多年，历史上的每一天都对应着一个纪日的干支，从未间断。但回顾历史，纪日法并不是一步到位地采用干支结合的纪日制度的。

在古老的十月太阳历中，十天干是用来纪月的，而十二地支是用来纪日的，按照十二属相或者十二地支的顺序，每12天一轮，一个月三轮，正好是36天。

那么，十天干是否也单独用于纪日呢？答案不但是肯定的，而且十日为一旬的概念，我们今天还在用。

作为阳历历法的一种，斗建月用十二地支来纪月，表明一年中12

个月的名称，却用十天干来纪日，每10天一旬，一个月也是三轮，共30天。与十月历类似，斗建历也把360日作为一年的大周期，多出来的5~6天用来过年，或者平分到上下半年中来处理。

在《黄帝内经·素问·阴阳离合论》中有："黄帝问曰：余闻天为阳，地为阴，日为阳，月为阴。大小月三百六十日成一岁。"可以说，无论是十月历，还是斗建月，这些就是黄帝时期的一岁有"三百六十日"的历法。

从本质上看，十天干和十二地支最初都是用来纪月和纪日的，在不同历法中，它们的作用不同，位置互换而已。至于把它们扩充到用来纪年，恐怕是稍后才逐步形成的。

岁月的古老名称

《尔雅·释天》中有关岁月的古老名称还有"太岁所在"。

"太岁在寅曰摄提格，在卯曰单阏，在辰曰执徐，在巳曰大荒落，在午曰敦牂，在未曰协洽，在申曰涒滩，在酉曰作噩，在戌曰阉茂，在亥曰大渊献，在子曰困敦，在丑曰赤奋若。"

这套名词反映的是太岁纪年。太岁按照十二个方位来转动，每年依次转到一个方位，对应这一年的名称。实际上，它们和子丑寅卯等十二地支是一一对应的，反映的是12年一个周期的纪年方法，从本质上说，这些就是大家熟悉的十二支纪年法的古老别称。

实际上，在《尔雅》中还有一段，是这样的："太岁在甲曰阏逢，在乙曰旃蒙，在丙曰柔兆，在丁曰强圉，在戊曰著雍，在己曰屠维，在庚曰上章，在辛曰重光，在壬曰玄黓，在癸曰昭阳。"

与刚才的十二支纪年的别名相对照，很容易理解，这实际上就是用十天干纪年的古老别称，它们和甲乙丙丁等是一一对应的。

至此，介绍了《尔雅》中四套古老的岁月名称，总结一下：

首先是有关"月阳"和"月名"的古老名称，本质上是两种纪月的方法：

在十月太阳历中，一年有十个月，用十天干来命名每个月，在《尔雅》中这十个月的别称就是所谓的"月阳"："月在甲曰毕，在乙曰橘，在丙曰修，在丁曰圉，在戊曰厉，在己曰则，在庚曰窒，在辛曰塞，在壬曰终，在癸曰极。"

除了十月历外，还有一年十二个月的历法，用十二地支来命名每个月，在《尔雅》中这十二个月的别称，就是所谓的"月名"："正月为陬，二月为如，三月为寎（bǐng），四月为余，五月为皋，六月为且，七月为相，八月为壮，九月为玄，十月为阳，十一月为辜，十二月为涂。"

其次是两套有关太岁的古老名称，本质上是两种纪年的方法：

第一种是十年一个周期来纪年的，每年的名称对应十天干之一，在《尔雅》中是所谓的十"岁阳"："太岁在甲曰阏逢，在乙曰旃蒙，在丙曰柔兆，在丁曰强圉，在戊曰著雍，在己曰屠维，在庚曰上章，在辛曰重光，在壬曰玄黓，在癸曰昭阳。"

第二种是十二年一个周期来纪年的，每年的名称对应十二地支之一，在《尔雅》中是所谓的十二"岁阴"："太岁在寅曰摄提格，在卯曰单阏，在辰曰执徐，在巳曰大荒落，在午曰敦牂，在未曰协洽，在申曰涒滩，在酉曰作噩，在戌曰阉茂，在亥曰大渊献，在子曰困敦，在丑曰赤奋若。"

读者可能很好奇，这些读音和写法都很奇怪的有关岁月的古老名称，到底是怎么来的。这个问题在学术界还是一个并未彻底解开的谜题。有学者认为，这几套名称都是上古文字的读音，遗留在今天的藏缅语族中。因为这些名词的读音，与藏缅语族中现今的部分少数民族的语言能够对应起来，并且指向某些特定的含义。例如，十二岁阴在藏语等语言中与十二生肖的发音很相近，而十岁阳的称呼在藏语等语言中与阴阳五行的发音很相近。

在研究人类语言的时候，最常用的分类法是谱系分类法，它根据语言发展的历史渊源关系、亲属关系等对语言进行分类的。按照从上到下，把语言分为语系—语族—语支—语种，一共四个层次。这种方法有点像对生物的分类按照门纲目科属种来分类。在语系层面上，基本上能决定一些语言互相之间的关系。汉语按照谱系分类法，属于汉藏语系—汉语族—汉语支，汉藏语系下面除了汉语族之外，还有藏缅语族。它们有着共同的发声学来源，在上古时期可能同出一源。在藏缅语族中，除了藏语支外，还有彝族的彝语支。

时至今日，包括十月太阳历在内的我国古老历法在西南地区的彝族等少数民族中仍有遗留。这些古老的岁月名词，也许就是从语言学角度对传统天文的支持线索。

中华民族不但有着几千年悠久的历史和文化传统，更重要的是，我们是一个多民族的大家庭，很多古老的传统，在这些兄弟民族中至今还有传承。就像生态学指出的那样，生物多样性是地球自然环境可持续的最重要的前提，对于文化环境来说，何尝不是这样，一花独放不是春，百花齐放春满园。

古代时刻制度

尽管历法的主要内容是关于"年月日"，而比日短的时间单位——"时"，自古不是历法家关心的事情。但是，作为与时有关的时刻制度，同样也很重要，它指的是对一日之内的时间划分和表示办法，因此，也是古代天文的内容之一。今天人们熟悉的一天24小时的时间划分方法，是来自西方的。在我国古代有自己的时刻表示方法。

商代的甲骨文中，出现了"日"与"夕"。在睡虎地出土的秦代书简《日书》中把一天分为五个时段：旦、晏食、日中、日昳（dié）、夕日。在目前能看到的汉代竹简中，出现过很多种时段的划分，例如，一天分为12个时段、16个时段，甚至32个时段等，并不统一。例如，1960年代，陈梦家根据居延汉简的内容，再结合传世文献，提出汉代有18段的时制。而在《隋书·天文志》中还记载了古代一日分为10段的时制：白天有：朝、禺、中、晡、夕；晚上有：甲、乙、丙、丁、戊。1991年在敦煌的悬泉遗址出土了大量在西汉中期至东汉中期之间的汉简，上面记载的是一天分为32个时段。还有，似乎白天的时刻名称更多一些，而夜间的时刻称呼比较少，这也许反映的是古人白天工作的客观需求。总之，由秦简、汉简、马王堆出土文物等来看，秦汉时期的分段计时制的时称使用情况比较随意，各个时段的长度也不一定相等，而且一个时段可能会有几种称呼。

十二时辰的出现

学界一般认定，秦汉前期的主体时制是十六时制，例如，在《淮南子·天文训》中用到的是把白天从晨到昏分为15个时段，各自都有名称。而大家熟悉的12时制度，最早可能出现在春秋之前，但到了东汉章帝时期才得到官方的推广。2008年在甘肃永昌水泉子汉墓出土的《日书》中记载了一天的12时：鸡鸣、平旦、日出、食时、隅中、日中、日昳、晡时、日入、昏时、人定、夜半。《黄帝内经·藏气法时论》中也有12时的名称。

古人利用日晷来指示一日内特别是白天的时刻。假如，把日晷按照当地的地理纬度来倾斜放置，成为赤道式日晷，由于一天中太阳在天空中转动的速度是均匀的，因此，时刻划分也应是均匀分布的。因此人们就把日晷的盘面做若干等分，对应不同的时刻。

由于人们习惯把地上的方位十二等分，对应十二地支，那么在日晷面上，人们自然也可以按照方位来刻画出12个点，用它们来指示一日的十二个时刻。智慧的古人把抽象的时间，用具体的空间方位来表示。

这种把十二时与十二地支明确地联系起来的方法，最早可能出现在南北朝时期。在《南齐书·天文志》中有子时、丑时、亥时的记录。由于十二地支也常被称作"十二辰"，因此一日分为12时的制度，从此时开始叫作"十二时辰"。

到了唐代，尽管一日十六时在民间仍有使用，但在官方，十六时制、三十二时制等秦汉时的时制，最终被十二时辰制取代。另外，把夜间分为五更的方法，一直被保留至近世。

一日等分为十二时辰，每个时辰的时间段是等长的。从唐中后期起，把每个时段的开始时刻，称为"初"，把每个时间段的正中时刻，称作"正"。例如，子时开始于"子初"，子时时段的中心时刻是"子正"。这样一来，一个时辰分为前后两个时段。这也就是今天我们所说的小时。

一日百刻制

除了上面介绍的一日分为十二时辰这个时间制度之外，在我国古代很早就有另外一套并行使用的时间划分制度，即"刻"制。所谓"一日百刻"，就是把一日的长度平均分为100份，每一份称为"一刻"。

既然有了一日十二时辰的制度，为什么还要另造一套一日百刻制度呢？这主要是因为十二时辰制，虽然简单方便，在官方和民间都得到很好的推广和应用，但对于一些特殊场合就不方便使用。此外，对于天文学家来说，在观察精度要求不高的时候，使用十二时辰来计时尚可，但是对于大多数天文现象的观察来说，这个时间的划分方法显得太粗，有必要使用精度更高的百刻制。

前面说过，时辰这个概念来源于日晷测影，那么百刻制的来源呢？它来源于古代的另外一种计时装置——漏刻。

我们知道，日晷测影法是观察日影，在阴天和晚上就没法指示时间了。另外，日晷在使用前，需要先确定方位才能摆放并测量，不便于在移动中使用，例如，在战场上。

漏刻包括漏壶和箭刻两个部分。最早的漏壶是一种出水口的特殊容器，当装入一定量的水后，根据水漏出的速度来确定时间。可见，这是一种非天文的物理过程，它不依赖于天气，且便于携带。

那么应该如何指示水漏的速度呢？最简单的方法就是用一根箭，在箭杆上刻上刻度，在箭头处插上一个漂浮物，然后把箭头向下放置在漏壶的水面上，让箭杆自己能浮在水面上，并保持直立。在壶盖上事先打好孔，让漂浮的箭杆从孔中露出壶盖，这样就可以通过读取箭杆相对壶盖的刻度值，来计量时间了。由于观察的是箭杆上的刻划痕迹来指示时间，因此，这种时间单位就叫"刻"。"一日百刻"就是通过制作标准的漏壶和箭刻，使在一日时间内，箭刻下沉正好为一百个刻度（图6-2）。

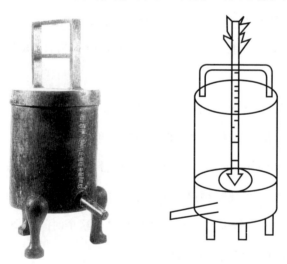

图6-2　漏刻

这只是早期的漏刻装置，后来逐步改进，计时精度越来越高。可以说，在钟表出现之前，漏刻是我国古代最主要的计时工具之一。

可见，十二时辰和一日百刻，这两种时制起源不同，反映的原理也不太一样。十二时制与日晷测影密切相关，是直接观察太阳，把太阳周日运动的影子方向对应到时刻上，是用空间角度换时间。而漏刻制，则是用物理办法来计时，将物体的某种运动对应到时刻上，是用空间长度换时间。

学习了我国古代时刻制度才明白，平时所说的"时刻"这个词，其实是两个概念，一个是"时"，一个是"刻"，二者不一样。"时"指的是把一日分为十二时辰，"刻"则指的是把一日分为100刻。

不妨换算一下，古代的一刻对应到现在的钟表时间大约是14.4分钟，不到15分钟。和我们今天平时所说的一刻钟15分钟，稍微有点不同。

此外，一日十二时辰，没法被100整除，因此，十二时辰制和百刻制不需要一一对应。二者来源不同，各自独立计量，没有必然的关系。

十二时辰制是基于对太阳周日运动的观察来制定的时间制度，因此它反映的是真太阳时，是与具体的地理经度有关系的。同时它也是地方时，我国古代不像现在这样有全国统一的北京时间，例如，那时各地的正午时刻，都是各地的地方时，没有全国统一的正午时刻。

干支纪时法

纪时与纪月制度的情况类似，都是分成12份，使用十二地支来纪，已经很方便了，子时是一天的第一个时辰，而亥时是最后一个。但在占星术的需求下，从唐代开始，在十二时辰的基础上，加入了十天干，才有了干支纪时法。

由于采用干支来纪时，那么就是60时辰一个周期，即五天为一个周期。因此，某一天内的时刻的干支，与这一天的日干支有关系。这个关系与年干支和月干支的关系类似。例如，某日的天干是甲，它的第一个时辰是甲子时，那么五天后的己日，第一个时辰就又回到甲子时了。

人们总结出了一个口诀，方便记忆时干与日干之间的关系，这叫作"五鼠遁"：

"甲己还加甲，乙庚丙作初。

丙辛从戊起，丁壬庚子居。

戊癸起壬子，周而复始求。"

意思就是说，甲日和己日的第一个时辰的时干是甲，也就是甲子时。而乙日和庚日的第一个时辰的时干是丙，也就是丙子时。其他的类推，五日为一个循环。

前文介绍过从年干推知月干的"五虎遁"，这里介绍了"五鼠遁"。为什么要取名叫虎和鼠呢？

这主要是与它们要推算的月或时的干支的支有关。"五虎遁"是用来从年干推正月的月干，而按照寅正的规定，正月的月支是寅，它对应的十二生肖是虎，因此，这个推算的口诀就叫作"五虎遁"。同样道理，一日的第一个时辰的时干支的支是子，对应的十二生肖是鼠，因此叫"五鼠遁"。

纪历八字

上文较为系统地介绍了古代的纪历方法，包括纪年、纪月、纪日和纪时法。

从历史上看，在唐朝时期，最终这四个都统一到干支纪法上来。也就是说，年月日时，到这时都用干支组合来表达。这样一来，定位一个时间，假如用干支来说，一共有八个字。例如，公元2022年1月1日凌晨零点，对应的年干支是辛丑，月干支是庚子，日干支是甲寅，时干支是甲子。

古人把年月日时合称为"四柱"，反映某时刻的是上述的四个干支对，一共八个参数，叫作"八字"。对于星命家来说每个人出生的时刻，就是四柱和对应的八字，他们靠这些参数来给人预测。

实际上，这些八字只不过是用干支对来表达的年月日时的时刻而已，本身并没有什么神秘的地方。而且它们也并不是只能用来给人算命，中医的运气学实际上就离不开干支纪历法。

第七章

第一部官方历法的诞生

任何历法都要规定一个起始时间点，这就是历元。我国古代历法认为历元时刻应与特殊天象相匹配。历代天文家通过推算这些特殊天象出现的周期，力图在历史上找到某个理想的时间点作为历元，并以此证明所推行历法的合理性。

▶▶

第七章
第一部官方历法的诞生

历元 历法中作为时间起点的时刻

上元

上元是人们最理想的一个历元，天象排列十分吉利

满足条件：六者同步且同为第一

至　　　朔　　　年　月　日　时

最基本要求　　初一　　　──「甲子」──
冬至时刻　　日月合璧　天干之首　地支之首

古代历法中的四重周期

一章	=19年	"至朔同日谓之章"
一蔀	=4章	"同在日首谓之蔀"
一纪	=20蔀	"蔀终六旬谓之纪"
一元	=3纪	"岁朔又复谓之元"

古六历

黄帝历｜颛顼历｜夏历｜殷历｜周历｜鲁历

相同之处　　　　　　　不同之处

岁长都是365$\frac{1}{4}$日，　　不同正朔（正月位置）
因此都属于四分历　　不同历元（历法起算点）

汉武帝太初改历

元封年间　汉武帝征召天下能人编算新历，
颁布了汉朝的第一部历法——太初历
太初历也是我国古代官方正式颁行的第
一部历法

太初历

"81分"历　在提交的18家历法中，汉武帝亲自
选定了邓平的"81分"历法

这种历法中，朔望月的长度是29$\frac{43}{81}$日，其分母是81

邓平提出"藉半日法"，把历元的时刻，人为
地扣除半天，朔日与冬至安排在一天里面，解
决了日月合朔与时刻相差的问题

缺点：历法参数不如原有的四分历精准，而汉武帝更希望
借新历法反映天授皇权

三统历　刘歆著作《三统历谱》

是不是当年的太初历？在学术上自古有争议

东汉四分历

太初历行用了189年，由于参数误差较大，出现历法与天
象失合的情况。被汉章帝在元和二年（公元85年）废止，
重新使用参数更精密的四分历

与古六历相比，此时所用的四分历已经大大进步，
这种新的四分历称为"东汉四分历"

以律起历

太初历的"81分"法，来自于黄钟律管的容积

落下闳把历法数据与音律联系在一起：
"律容一龠，积八十一寸，则一日之分也。"　　**律历合一**

正五声　宫商角徵羽 → 对应五行　　　　**十二律**　黄钟、大吕、太簇、夹钟、姑洗、仲吕、
蕤宾、林钟、夷则、南吕、无射、应钟　→ 对应十二地支

古代乐律学

乐律学主要包含：乐学与律学

三种主要声律法：五度相生律｜纯律｜十二平均律

┌─早期实现办法─┐
三分损益法　从一个音出发，得到其他和谐音

同律度量衡

候气术　通过律管吹灰，古人认为节气时间是靠观察天
象与观察地气的运动来确定

根据历法的时间节律，利用候气术，定下标准的律管，
从标准的黄钟律管出发，能统一所有的其他度量衡

三种历元

　　历法中的重要概念，除了年月日时之外，还有一个，就是所有的时间单位需要有一个统一的起点，这就是历元问题。

　　所谓历元，在这里是指历法中作为时间起点的时刻，它是历法推算的起始点。每部历法不同，所选的历元也都各不相同。

　　作为时间历法的起点，有大的起点，也有小的起点。每年的岁首就可以看成是历法小的起点，因此也被称为历元。例如，每年的冬至时刻，是我国古代历法中最明确的小历元，因为中国人历来重视冬至。

　　此外，在古代，每逢王朝更替或者帝王改历，就要改正朔、改年号，这就涉及到在哪个时间点上来实施新历。这个挑选出来的时间点，一般作为新历法的起点，也就是这个新历法的历元，它的地位比最简单的冬至这个历元要高一些。

　　除了以上这两种历元之外，还有一个地位最高的历元，称作"上元"。

　　我国古代传统文化崇尚天人合一，人为制定的历法与天象相合才能表明这个历法合乎天道，从而确立历法的正确性以及政权的正统性。古代王权更替等重要事件发生时要做的第一件大事是改换新的历法，于是这部新的历法就应该合乎天道。那又如何体现这一点呢？除了历法本身的精确性之外，还有一个重要因素，就是这部历法本身的起始点应该是一个特别理想的时刻。因为一个天生有着极好开端的历法，注定是一部好历法。

于是，有一个好的起始点，就成为一部历法成功的重要前提条件之一，也是世世代代历法家们毕生追求的目标。这个起始点就称为"上元"。从上元那个理想的时刻到制历者生活的时代，这个时间段的长度，称为"上元积年"。在古代，上元是人们理想中的一个特殊的过去时刻，在那个时刻，天象排列十分吉利，例如，日月合璧、五星连珠，而这昭示了这部历法一定能给推行者带来好运。于是历法家的任务就是要勤奋观察天象，花费毕生精力寻找它们的运行规律，并沿着时间上溯历史，找到这一无比荣耀的特殊时刻。

完美的上元

上元的推算与干支纪历法的关系很密切。

干支相配一共有60对，叫作60甲子。古代人们最喜欢的干支对是"甲子"。因为"甲"是十天干之首，"子"是十二地支之首，二者相配是天作之合。在《黄帝内经·素问·六微旨大论》中就有："天气始于甲，地气始于子，子甲相合，命曰岁立。谨候其时，气可与期。"内经的五运六气历法，也强调甲子相合是历法的起始点，从此时才"岁立"。

于是在推算的过程中，人们认为上元那个理想时刻，除了发生日月合璧、五星连珠的吉象之外，一定是甲子年、甲子月、甲子日、甲子时，这样才最完美。

在不考虑五星连珠的情况下，古代历法所追求最好的上元时刻，简单地说应该满足的条件是：至、朔、年、月、日、时六个元素同步，而且都是第一或称首。在这里，所谓"至"是指冬至，它是一岁之首，"朔"指初一，它是一月之首，此外，"年月日时"则也都应是甲子，它们是干支之首。

古代历法家一方面需要观测并计算日月合璧、五星连珠的天象发生的周期；另一方面，还要推算干支纪历法的甲子周期，并以它们为依据，不断向前追溯，推求满足共同周期的上元的高光时刻。

下面就具体分析"至朔年月日时"同为第一，这个大周期是怎样的。

首先，"至"是最基本的要求，这个上元时刻至少应该出现在岁首，既然我国古代特别重视冬至，往往以它的时刻作为岁首，所以上元首先定位在某年的冬至时刻。

其次，第二个因素是"朔"，它指的是初一，为一月之首，对应的天象就是日月合朔，也称为日月合璧。那么具体应该是哪个月的初一呢？考虑到后面年月日时的干支要求，当然是甲子月。既然是子月，那无疑就是冬至所在的月。

最后，要求"年月日时"的干支都是甲子。

总结一下，因为五星连珠的推算比较复杂，暂时忽略这个条件，于是美好的上元时刻应该符合以下特点：这一天是甲子年、甲子月、甲子日，正好遇上月首初一，而这一天正好又是岁首冬至，并且冬至时刻正好是这一天的日首——夜半子时，而且这个子时还必须正好是甲子时。

新的纪元

通过分析可以看到在上元的推算中，用到了干支周期，下面就来看看干支周期能给我们带来什么新发现。

我们知道，至少从殷商时代开始施行阴阳合历。到了汉武帝时期，正式在全国推行太初历，它是我国历史上第一部官方正式发布的历法，是我们今天使用的农历的前身。对于先秦到汉代的历法来说，回归年（一岁）的长度是 $365\frac{1}{4}$ 日，因为有一个 $\frac{1}{4}$ 的零头，因此这类历法统称"四分历"。

前文已述，阴阳合历靠置闰月来调和阳历和阴历。在太初历发布之时，确定了"十九年七闰"的置闰规则。于是，对于这部历法来说，19年就是一个特殊的周期，它在古代称为一"章"。

19年一章这个周期意味着什么呢？它意味着，阳历和阴历是按照这个周期重新对齐的。例如，假如第一年的冬至这一天是子月的初一朔日，那么19年后的冬至这一天又是子月的初一朔日了。可见经过19年，也就是所谓一章之后，子月的初一重复出现在冬至。这就是所谓的"至朔同日谓之章"。

接下来的问题是，假如第一年的冬至是在甲子时，那么19年后的冬至时刻，还在甲子时么？不妨计算一下，19年一共包含 $6939\frac{3}{4}$ 日，由于多出来3/4日，因此冬至并不在子时，而是差了 $\frac{3}{4}$ 日。

那么，怎么让甲子时也能与冬至对齐呢？既然19年一轮下来冬至时刻差了 $\frac{3}{4}$ 日，于是经过四轮，就没有余数了。因此，这就出现了一个更大一点的周期，即4章，共76年，它包括27759日。既然是整数日，那么显然冬至又会出现一日之首的甲子时了。古人把4章称为一"蔀"，这就是所谓的"同在日首谓之蔀"。

问题都解决了吗？还没有，尽管甲子时重复出现，可是甲子日并没有重复。因为虽然每经过一蔀的时间，也就是76年之后，冬至又重复出现在子月初一的甲子时，但是，按照干支纪日法，76年前的冬至如果是甲子日，那么76年后的冬至这一天并不是甲子日，为什么？很简单，因为一蔀76年包含27759日，它不是60的倍数，因此纪日的干支不会重复。

那怎么办呢？很简单，继续放大周期，找到日的60倍的周期就行了。经过计算发现，每20蔀，也就是1520年，共包含555180日，正好可以被60整除。这样一来，日的干支就可以出现重复了。这个更大的周期，称为一"纪"，等于20蔀，为1520年。这就是"蔀终六旬谓之纪"。

到此，经过一纪的周期，月、日和时的干支都满足了60甲子的周期，能够重复出现了。但是年的干支却还没能重复，因为1520年，并不是60的倍数。

于是，按照同样的道理，继续放大周期，设三纪为一个周期，也就是60蔀，为4560年，可以被60整除，这样，年的干支就可以重复了。这个三纪的最大周期，称为一"元"。经过一元之后，年月日时的干支都又重新出现在冬至了，也就是说，冬至时刻又一次出现在美好的时刻：甲子年、（甲）子月、甲子日、甲子时，此时正好是子月的初一，即日月合璧。这就是"岁朔又复谓之元"。

总结一下，19年为一章，4章76年为一蔀，20蔀1520年为一纪，三纪4560年为一元。这就是我国古代历法中的四重周期："章、蔀、纪、元"。古人总结章蔀纪元的规律："至朔同日谓之章，同在日首谓之蔀，蔀终六旬谓之纪，岁朔又复谓之元。"

徒有其名的古六历

下面回顾一下农历的前身，古代早期的阴阳合历。

从出土的甲骨卜辞的考证得知，商代时期的历法，已有大小月之分，而且也有置闰月。可以说那时的历法已经初具水平。不过学界认为，至少到西周时期，人们仍然处于观象授时的阶段，历法的制定离不开观察天象，随时调整岁首和年长。

创作于公元前七八世纪的《诗经·十月之交》中有"十月之交，朔月辛卯"，这是第一次出现"朔"字，表明此时已把月的开始从新月初见的朏日，改到了日月相合的朔日，这无疑是历法的一次进步。因为朔月是看不到的，要确定朔日的时间，需要观察和推算，难度较大。

到了春秋末期，把一岁的长度确定为$365\frac{1}{4}$日，并且确立了十九年七闰的置闰规则。在诸侯割据、列国纷争的形势下，各国行用不同的历法，相传最知名的是六部历法，称为"古六历"，它们是黄帝历、颛顼历、夏历、殷历、周历、鲁历。六历之名，始见于《汉书》。

由于这些历法的岁长都是$365\frac{1}{4}$日，因此都属于四分历。这个结论在南朝时期就已经形成，在《宋书·律历志》中，祖冲之曾指出"古之六术，并同四分"。它们之间的不同之处在于正月的位置不同，也就是采用不同的正朔，最有代表性的就是我们介绍过的所谓的"三正"说：夏用寅正，殷用丑正，周用子正。

此外，各个历法的起算点，即历元也是不同的。司马彪在《后汉书·律历志》中有："黄帝造历，元起辛卯，颛顼用乙卯，虞用戊午，夏用丙寅，殷用甲寅，周用丁巳，鲁用庚子。"至于具体的上元在什么时候，在唐代的《开元占经》中有所记述。

不过由于秦和汉初的历法都没能保存下来，无论是《汉书》还是《后汉书》，对于古六历的具体内容和方法都没有完整的记述，这些只知其名的历法的详情不得而知。

从古六历的名称看，容易让人误解的是，有的历法是上古的三皇五帝时期就采用的历法。实际上，自古学者就否定了这一点。例如，南朝的《宋书·律历志》中就有"考其远近，率皆六国及秦时人所造。其术斗分多，上不可检于《春秋》，下不验于汉、魏。虽复假称帝王，只足以惑时人耳"。今天的学者普遍认为，这古六历都是战国时期各国创制的历法，连春秋时期的都算不上，都是托古人的名义而已。

汉武帝太初改历

关于汉武帝在太初年改历这段历史，在《汉书·律历志》中记载得相当清晰。谈到改历前的情况，原文是："三代既没，五伯之末，史官丧纪，畴人子弟分散，或在夷狄，故其所记，有黄帝、颛顼、夏、殷、周及鲁历。战国扰攘，秦兼天下，未皇暇也，亦颇推五胜，而自以获水德，乃以十月为正，色上黑。汉兴，方纲纪大基，庶事草创，袭秦正朔。"

秦始皇统一天下，据记载他推行的是古六历之一颛顼历，但仍旧修改正朔，把十月作为正月，十月初一为岁首，称为"亥正"。周人崇尚红色，自以为火德，于是秦就认为自己是能克火的水德，崇尚的颜色改为黑，礼服、旌旗都用黑色。无奈秦朝国祚太短，二世而亡。到了汉高祖建立汉朝后，一开始国家大事太多，没来得及制定新的历法，仍然沿用秦朝的颛顼历，这就是所谓的"袭秦正朔"。这个情况一直延续到汉武帝刘彻时期，终于做出了改变。

汉武帝在元封年间，征召天下能人编算新历，颁布了汉朝的第一部历法——太初历，从太初元年开始施行。太初历是我国古代传世的第一部历法，奠定了阴阳合历的基础。尽管在此后的2000多年中，每个新王朝几乎都改革过历法，先后颁布过100多种历法，但都是依旧遵循着太初历的基本规则，今天我们使用的农历是它的最新版本。

正像司马迁在《史记》上说的那样，"改正朔，易服色"是天大的事。太初历作为一次重大的历法改革事件，在史上有着显著的地位，由于太初改历发生在汉武帝时期，所以记录这个历史事件的史书主要是《史记》和《汉书》。

然而就在这两部正史中，对于太初历的记述却大相径庭。使得这部划时代的太初历的出台始末，变得扑朔迷离，充满疑问。

语焉不详的《史记》

　　《史记》记载的历史时期是"历黄帝以来至太初而讫"，显然包含太初年代。在《史记·历书》的结尾处，有关于太初改历的记述。原文的摘录如下：

　　"至今上即位，招致方士唐都，分其天部；而巴落下闳运算转历，然后日辰之度与夏正同。乃改元，更官号，封泰山。因诏御史曰：'乃者，有司言星度之未定也……今日顺夏至，黄钟为宫，林钟为徵，太簇为商，南吕为羽，姑洗为角。自是以后，气复正，羽声复清，名复正变，以至子日当冬至，则阴阳离合之道行焉。十一月甲子朔旦冬至已詹，其更以七年为太初元年。年名'焉逢摄提格'，月名'毕聚'，日得甲子，夜半朔旦冬至。'"

　　从这一段的内容，大致可以解读出，汉武帝下诏书决定改历，先后有唐都、落下闳等人参与这项工作。新历的颁行是在元封七年发生的，这一年改称"太初元年"，新历法采用夏正，其干支纪年和纪月分别是"年名'焉逢摄提格'，月名'毕聚'"。有了上一章的基础，便不难理解这些名词的含义。原来，在这里司马迁指出的是太初元年的年名，用太岁纪年法，由于"焉逢"是甲，"摄提格"是寅，说明它是甲寅年。而关于月名，因为"月在甲曰毕"，而正月为陬（司马迁用的是聚，为陬的另一个说法），因此，这个正月是甲月。冬至时刻是甲子日夜半子时，日月合朔。

　　按照前文对古代历法的历元的推崇传统，太初历的这个历元，无疑是相当吉利的。关于改历的事情，司马迁在《史记》中就写了这

205

么多，在这些内容的后面，紧跟着是一个名为"历术甲子篇"的历法详情。

如果只有《史记》作为史书，那么人们会认为太初改历这个事情，过程是比较简单的，参与造历的人只有唐都和落下闳。但是问题出在，同样是记述汉朝史实的《汉书》，其记录的改历过程比司马迁所写的要复杂多了。

大翻盘的《汉书》

在《汉书·律历志上》中记载："至武帝元封七年，汉兴百二岁矣，大中大夫公孙卿、壶遂、太史令司马迁等言'历纪坏废，宜改正朔'"。可见当时包括司马迁在内的一些官员进言，建议汉武帝改历。

《汉书》中接下来记述说，汉武帝下诏书给御史大夫儿宽，让他与博士们共议此事，儿宽回答说，确实应该改历，而且可以采用夏历的传统。于是汉武帝就第二次下诏书决定改历，并定下期限，把元封七年作为太初元年，并专门下第三个诏书给公孙卿、司马迁等人，让他们具体商议如何造新历。

《汉书》记载了他们商议的结果，"乃以前历上元泰初四千六百一十七岁，至于元封七年，复得阏逢摄提格之岁，中冬十一月甲子朔旦冬至，日月在建星，太岁在子，已得太初本星度新正"。可以看到，这个历元的说法与司马迁在《史记》上所记录的基本相同。

然而，问题就在这时出现了。《汉书》接下来说，这帮专家在给汉武帝描述了一个美好的历元之后，却说他们算不出这个历法来，奏请皇帝另找高人。他们的原话是"不能为算，愿募治历者，更造密度，各自增减，以造《汉太初历》"。

据《汉书》记载，汉武帝只好第四次下诏，"乃选治历邓平及长乐司马可、酒泉候宜君、侍郎尊及与民间治历者，凡二十余人，方士唐都、巴郡落下闳与焉"。也就是说，又招了一批以民间人士为主的治历者，其中就有落下闳。

汉武帝在收到这些人士提交的新历法方案后，第五次下诏，"乃诏迁用邓平所造八十一分律历，罢废尤疏远者十七家，复使校历律昏明"。这就是说，汉武帝下诏书，让司马迁采用邓平所造的"81分"历法，而把其他十七家的候选方案都废除了。不过，皇帝还是专门下第六个诏书，派宦官淳于陵渠，通过观测来检验邓平所造历法的精密程度。《汉书》说"宦者淳于陵渠复覆"太初历"晦、朔、弦、望，皆最密，日月如合璧，五星如连珠。陵渠奏状，遂用邓平历，以平为太史丞"。淳于经过观测，上奏说，确实邓平的历法最精密。于是汉武帝最后第七次下诏在全国推行这个历法，这就是"太初历"，而且把邓平提拔为太史丞。

从《汉书》可见，对于改历大事，汉武帝密切关注，高度重视，至少专门下过七次诏书。与《史记》的简略记述相比，大相径庭。

这里顺便介绍一位古代天文学家。"太初历"作为我国历史上第一部正式发布的历法，意义重大。在主要参与者中，有一位民间天文学家落下闳，他来自四川巴郡的阆中。为了太初改历，他专门从阆中来到长安。在当时，他是浑天说的代表人物，曾制造早期的浑天仪。由于他参与制定了太初历，确定正月初一为农历新年，因此，落下闳也被称为

"春节老人"。

疑云重重

对比《史记》和《汉书》的记载，不免产生很多疑问。

首先，根据《汉书》记载，司马迁等人是制定历法官方机构的负责人，但是他们经过商议，却奏请皇帝让另找民间人士来做，他们做不了。这真是奇怪的事情，而且更加奇怪的是，关于换人这事，司马迁在《史记》里却只字未提。

其次，《汉书》说，最终在提交上来的18家历法中，汉武帝亲自选定了邓平的"81分"历法，并专门下诏书让司马迁采用，但是司马迁却没在《史记》里提到这个事情。

更加耐人寻味的是，皇上为了嘉奖邓平的功绩，把他提拔为太史丞。太史这个职位，据说早在夏朝时期就有了，其主要职责是负责记录历史和研究天文历法。太史令是在太史官职上的最高负责人，而从秦朝开始，还设立了太史丞，做太史令的副官，协助他工作。在汉武帝时期，司马迁就是太史令，但是在他记载太初历的这段文字中，却完全没有提及自己的这位副官邓平。

上边的情况，都是关于人和事的疑问。从学术的角度来看，太初历到底是什么样子，其实也有一些神秘莫测之处。

司马迁在《史记》中用短短几句话简述太初改历事情后，用一大段文字十分详尽地描述一个所谓"历术甲子篇"的历法。粗看下来，会

208

让读者认为这就是汉武帝时期所造的"太初历"。但是历代学者经过分析，发现这部历法的岁长是$365\frac{1}{4}$日，各方面的细节都说明，它实际上是一部与古六历类似的四分历。而根据《汉书》记载，太初历采用的是邓平发明的历法，它是81分历，而不是四分历。

那么什么是"81分"历呢？回顾一下前面的历法课，四分历的特点是岁长$365\frac{1}{4}$日，其实这只是它的阳历部分的参数，完整地说，它还有阴历部分的参数，那就是朔望月的长度，根据十九年七闰法，可以算出四分历的朔望月长度是$29\frac{499}{940}$日。

邓平的历法之所以叫作"81分"历，指的就是在这个新历法中，朔望月长度采用的是$29\frac{43}{81}$日，由于分母是81，因此这个历法就被称为"81分"历法。显然，它的长度和四分历有所不同。通过这个朔望月的长度，可以反算出邓平历法的岁长，是$365\frac{385}{1539}$日。这个数值与四分历的$365\frac{1}{4}$日，也完全不同。

司马迁的春秋笔法

由此可见，汉武帝推广的邓平的"81分"历法，岁长和月长的数值，与传统的四分历都不一样。我们知道，司马迁的天文造诣是家学，他遵从的是传统的四分历，而且在《史记》中他记载的那个"历术甲子篇"的确也是四分历。

如此看来，汉武帝推广的太初历可能与司马迁在《史记》中提到的历法不是一回事。如果这个结论成立，那么就意味着，司马迁在

《史记》中不但没有把改历的过程完整记录下来，他甚至连新历法都没有记录，而依然坚持传统的四分历。

这有什么原因吗？先来看看客观的天文数值。我们知道，回归年（一岁）的长度现代实测值是365.2422日。不妨比较一下四分历和81分历的岁长，看看哪个更精密：四分历的岁长是$365\frac{1}{4}$日，也就是365.25日，比实测值大0.0078日。而"81分"历的岁长$365\frac{385}{1539}$日，换算为365.25016日，比实测值大0.00796日。可见，实际上"81分"历的参数反倒不如四分历精准。

难怪司马迁没有在《史记》中提及邓平和他的历法。当然，也有人不赞成这是司马迁有意为之。他们指出，我们看到的《史记》，是经过汉武帝和后汉章帝的两次删削，几经补缺之后的，其内容已早非原貌，纂入了后人的文字，于是出现各种矛盾是难免的。

关键问题是，既然邓平的历法参数不如原有的四分历精准，那汉武帝为什么还要采纳呢？

前面已经讲过，在我国古代，制定历法其实并不全是科学问题，实际上，它更多反映了政权的权威性，有它政治性的一面。一方面汉武帝希望通过改历，采用更符合天象的历法，另一方面，同其他帝王一样，他希望借新历法反映天授皇权。二者相比较，后者的重要性甚至更大。由于邓平的"81分"历在政治性方面的特点更符合他的需求，因此最终被采纳。

那么，邓平的这个历法究竟有哪些特点，得到了汉武帝的青睐呢？这成为改历事件的谜团之一。

下面再来看看太初改历的另外一个谜题，改历到底发生在哪一年？

在《史记》中有："十一月甲子朔旦冬至已詹，其更以七年为太

210

初元年。年名'焉逢摄提格'"，而《汉书》记载："乃以前历上元泰初四千六百一十七岁，至于元封七年，复得阏逢摄提格之岁。"从文本来看，二者似乎都说是在元封七年改为太初元年，年名是"阏逢摄提格"，根据太岁纪年法，这就是甲寅年。

但是，在《汉书》中接下来叙述的是"中冬十一月甲子朔旦冬至，日月在建星，太岁在子"。显然这里的"太岁在子"，与前面的甲寅年的寅存在矛盾。

如果查一下历史年表，会发现太初改历应该是在公元前104年，这一年不是甲寅年，而是丁丑年。

到此为止，关于太初元年的时间，一共出现了三种说法：甲寅年、（丙）子年和丁丑年，三者之间相差若干年，难道是史书写错了时间？

总之，通过分析《史记》和《汉书》的记录，关于太初改历事件的历史之谜，概括起来主要有以下三个方面：第一，司马迁等负责历法的官方机构的人士在接到汉武帝的改历诏书后，上奏说他们算不了新历法，这是怎么回事？第二，太初改历到底是在哪一年？第三，邓平的"81分"历，究竟为什么会得到汉武帝的支持？

下面就来详细分析这三个问题。

历史的高光时刻

先来看第一个问题，司马迁等人为什么算不出新历法。

汉武帝决定在元封七年改历，实施太初历，改年号为太初元年。

那么他为什么要改历呢？其实关于改历的提案，最早是司马迁等官员提出的。一方面因为当时还在沿用秦朝的颛顼历，旧历法本身的误差逐渐增大，另一方面也为了有利于汉武帝宣扬皇权天授的政治目的，因此，应该尽早改历。

至于为什么选在元封七年呢？这确实是一个巧合。因为这些官方天文学家们发现，按照目前的颛顼历来推算，元封七年的十一月是子月，这个月甲子日的夜半甲子时，正好是冬至时刻，而且还是日月合朔的时刻。把这样的日子用作新历法的历元，这可真是天赐良机啊。因为按照古代四分历中的大周期——章蔀纪元来看，这需要1520年才会遇上一次。这机会简直是千载难逢。

于是他们就赶紧上报汉武帝，说太初元年的岁首，可以定在元封七年的十一月冬至这一天。在奏疏中他们说，应该采用夏历，也就是寅正，而废除秦朝历法的亥正，即把新年从颛顼历的十月初一，改到寅月为正月的初一。此外，经过推算，他们认为这个新历法的上元，是甲寅年，按照太岁纪年法，是"阏逢摄提格"，感觉这个年名听上去很吉利，于是就一并上报汉武帝了。

很快，汉武帝就同意了他们的奏报，下旨定在元封七年改历，新历叫作太初历，年名定为"阏逢摄提格"，并下令让他们造历。

因此，在《史记》中就记载有："十一月甲子朔旦冬至已詹，其更以七年为太初元年。年名'焉逢摄提格'"。而《汉书》记载："乃以前历上元泰初四千六百一十七岁，至于元封七年，复得阏逢摄提格之岁。中冬十一月甲子朔旦冬至，日月在建星，太岁在子。"

冲动的惩罚

在收到圣旨后，司马迁等人才从喜悦中冷静下来，这事遇到麻烦了。

首先，"阏逢摄提格"是他们提出的新历法的上元，并不是太初元年的年名，但是皇帝却把它写进了诏书，这下子麻烦了，大家都清楚，明明元封七年时，太岁是在子，而不在寅！总不能胡说吧。

更麻烦的还有，经过实际观测和计算，他们发现，原来元封七年的十一月冬至日的子时，并不是日月合朔的时刻。真正的合朔时刻，发生在冬至的第二天。冬至日的子时与合朔时刻相差了大半天的时间。这个巨大误差出现的原因在于，他们前期的计算，根据的是秦朝的颛顼历，这个旧历法本来就已经很不准确了，所以才要改历的，怎么能经得起拿用它计算的结果去与天象实际相对照呢？而理想中的新历法还没开始制定呢！

经过激烈的思想斗争，他们最终只好奏请汉武帝，另找高人来造新历法，他们黔驴技穷了。

此时，武帝只好下诏，在民间人士中招募。这才出现了邓平、落下闳等人来到京城造新历。

民间人士的高招

读者可能会问，这些实际问题明明摆在那里，换了民间人士，不也同样解决不了吗？其实，未必。事在人为，这些民间高手，没有官方背景，思想更解放，也许就能想出好的解决办法来。事实还真是这样！

首先就是关于太初元年年名，这个问题其实好办，武帝不过就是想讨一个好兆头，于是邓平就一方面淡化处理这个事情，另一方面以所谓"太岁超次"作为托辞。

在关于岁星和太岁纪年的章节中，说到木星在天上的运动并不是严格地以12年为周期，而是平均为11.86年，所以时间长了就会出现岁星运动到了下一次，而年岁还没到该年的情况，这就是"岁星超次"。先秦到汉朝初年，是人们逐步认识到"岁星超次"现象的时期，于是改用假想的太岁来纪年，并且逐步向干支纪年过渡。当时社会上使用的有关名词，是比较混乱的。尽管实际上根本不存在什么所谓的"太岁超次"，但是对于外行来说，根本就弄不清楚"岁星"和"太岁"到底有什么差别，即便是皇帝也一样。

前文已述，干支纪年的正式启用是在东汉章帝元和二年，也就是公元85年才开始的。在这之前的年名，都是倒推出来的。可见当年汉武帝时期，实际使用的年名可能是比较混乱的。

制定新历的这些民间人士，利用子虚乌有的所谓"太岁超次"的说法，硬是把"阏逢摄提格"这个坑给填了。

邓平的"藉半日法"

第二个困难点，合朔时刻不在冬至的子夜，是考验他们能力的关键。

在解决这个问题的时候，邓平发挥了重要作用。他大胆地提出了"藉半日法"，也就是把历元的时刻，人为地扣除半天。

一般在传统上都认为，美好的历元至少应在冬至的子夜，而此时还应是合朔时刻。而他提出，可以把新历法开始的这一天，先扣掉半天时间，这就是人为地把朔日提前了半天，也相当于把新历法的第一个月设置成29天的小月。这样一来就把朔日与冬至安排在了一天里面。顺利地解决了这个问题。

关于如何弥补冬至和合朔相差大半天这个问题，其实办法很简单，既然历法都是人为的，那么干脆规定减掉半天就行了。司马迁他们也许是思想过于保守，没敢这么做罢了。

这就是《汉书·律历志》中记载的邓平的发明："先藉半日，名为阳历，不藉，名为阴历。所谓阳历者，先朔月生；阴历者，朔而后月乃生。平曰：'阳历朔皆先旦月生，以朝诸侯王群臣便。'"

在这段话里，邓平说"藉半日"的好处是：月亮升起以后才合朔。这样一来，每当朔旦的早上，皇帝接见诸侯王及群臣，举行告朔典礼的时候，天上已经有月亮升起，为大家照亮道路，岂不是很方便很惬意的事。邓平连这个理由都能说出来，难怪升官发财啊。

改历时间之谜

再来看看第二个问题，太初改历到底是在哪一年，究竟是甲寅年、丙子年，还是丁丑年？

首先，太初改历提及的年名"阏逢摄提格"，也就是甲寅，实际上可能指的是太初历的上元的年干支，而不是太初改历当年的干支。

为了弄清其余两个干支，不妨来看一下汉武帝改历前后那几年的年表。刘彻比较喜欢更换年号，他一共在位54年，用过11个年号。他下诏推行太初历是在元封这个年号期间，诏书说在元封七年改历。

查历史年表会发现，元封六年是乙亥年，元封七年是丙子年。而太初元年是公元前104年，那应是丁丑年。但是在《汉书》中却说"太岁在子"，这就意味着它的年支不是丑，而是子。这究竟是怎么回事呢？

原来这里的子，指元封七年是丙子年，并非指太初元年是丙子年。根据史书的细节，太初历的真正实施，很可能已经过了元封七年的冬至，到了元封七年的五月了。这也就是说，并不是把元封七年直接改名为太初元年，从而取消元封七年这一年，实际的情况是历史上仍然有元封七年，不过它很短暂。

原因很简单，在太初改历之前，汉朝沿用的是秦朝的颛顼历，它为亥正，以十月为岁首。元封七年的年干支的确为丙子，但要注意的是，这一年开始于十月，历经十一月、十二月，一共包含三个月。也就是说元封七年历时很短，只有三个月的时间。为什么会这样呢？

这是因为，从太初历开始就改用夏正，也就是寅正，正月成为第一个月。因此元封七年的十二月之后的那个正月，是属于太初元年的正月，从这里就要改为丁丑年了。

自从太初历开始，也就是从公元前104年的这个正月开始，从此之后每年的正月初一，都是新年，这个习惯一直延续了两千多年，几乎没变过，直到今天。

总结一下，关于太初改历时间的三种说法，其中，甲寅年并非太初元年的干支，而是太初历上元的年干支。"太岁在子"即丙子年，是元封七年的干支，而真正的太初元年是丁丑年。

从邓平历到三统历

第三个问题是邓平的"81分"历，究竟为什么会得到汉武帝的支持？在分析之前，有必要重新介绍一下有关太初历的记载情况。

尽管太初历的推行是我国历法史上的第一次大变革，具有划时代的意义，然而，记载它的原著却早已失传，在史书《史记·历书》和《汉书·律历志》中只是提到了它的名称，至于其历法的有关数据，在《史记》中只记载了"历术甲子篇"，而显然它可能并非太初历。而《汉书·律历志》中则说太初历是邓平发明的"81分"历。

不过，需要指出的是，《汉书》中记载的太初历，是在太初改历将近两百年后，由东汉的班固抄录的，而班固所引用的，却也并非是邓平和落下闳的原著，而是在太初改历一百多年后，由王莽时期的经学家刘歆整理编著的东西。

刘歆是汉朝皇族、西汉末年经学家刘向的儿子，在汉哀帝时期，他被王莽推荐为朝廷高官，领校《五经》，完成其父未竟的事业，即历史上第一次官方组织的大规模图书整理编目工作。汉平帝时，刘歆负责明堂辟雍、记史占卜、考定律历。至王莽代汉，刘歆更是成为新朝的国师。他的著作有《三统历谱》，但原著也已失传。这部著作重在探索历史变化与天命的关系，成为王莽篡权、建立新朝的基础理论。另外，刘歆在经学史上的最大贡献是发现并推崇"古文经典",打破了"今文经学"对儒学的垄断。这个巨大的贡献使得刘歆在历史上影响巨大,很多文人都听说过他,不过他在历法史上的贡献——三统历谱,却知者甚少。

说到底,我们今天所见到的所谓太初历,其实是刘歆的"三统历",它究竟是不是当年的太初历,这在学术上自古就有争议。前文的朔望月长和岁长数据,以及相关的历法计算方法,都是来自距离太初改历已经两百年的三统历的数据。

因此,一般来说,既然已无法见到太初历原貌,就不妨把刘歆的三统历当作太初历来看待。

不过,提醒读者注意的是,这里面其实有点诡异。如果说刘歆的三统历是忠实地反映了邓平的太初历,那可能就意味着刘歆在历法方面并没有什么建树,只是一个"搬运工"而已。而如果说刘歆的三统历与邓平的太初历不同,那问题就更大了,第一部官方历法——太初历到底什么样,就成为历史之谜了。

四分历重装上阵

根据刘歆的三统历记载,"81分"历之所以称为81分,主要是因为在这种历法中,朔望月的长度是$29\frac{43}{81}$日,其分母是81,这与传统四分历的$29\frac{499}{940}$日不一样。由此一来,"81分"历的岁长变成了$365\frac{385}{1539}$日,与四分历的$365\frac{1}{4}$日,也完全不同。前文已述,从具体的数值上看，无论是朔望月长，还是岁长，"81分"历的数值精度都不如四分历好。

尽管邓平的历法得到汉武帝的欣赏和采纳，但是这个别出心裁的新历法与传统的四分历相悖，在当时就受到反对。

据《汉书》记载，汉武帝去世，汉昭帝继位，距离太初改历才刚刚二十来年，时任太史令的张寿王就上疏昭帝，指责太初历违背传统，致使阴阳不调。汉昭帝派人去实际观测验证，到底是太初历精密，还是张寿王提出的历法精密。经过多次检验，张寿王都技不如人，败下阵来，最终被免去官职，但在皇帝的关照下，他始终并未获刑。

到了东汉年间，太初历已经行用了一百多年，由于参数误差较大，因此逐渐出现历法与天象失合的情况。到了后汉章帝年间，竟然出现新月出现在晦日前一日的情况，太初历明显无法再继续使用了。

于是，汉章帝决定再次修改历法，在元和二年（公元85年），废止已经行用了189年的太初历，重新恢复使用参数更为精密的四分历。与古六历相比，此时所用的四分历已经大大进步，这种新的四分历称为"东汉四分历"。

尽管太初历的参数不如四分历精密，但是它所具备的众多优势，使得它在历法史上的地位依然无人能及。

首先，太初历恢复采用寅正，以正月为岁首。对于我国广大地区来说，这种历法与季节气候相符，便于指导农业生产。其次，它引入二十四节气，摆脱历史上十九年七闰的死规矩，创新性地采用更为科学的"无中置闰"法，保证了历法中的阴阳协调。这些优点，都在后来的历法中得到了保留，成为两千年来一直沿用的历法规则。

汉朝改历的动因

简单介绍完太初历的身世之后，再来看看第三个问题，邓平的"81分"历，到底为什么会得到汉武帝的支持。既然"81分"历的精度变差了，为什么汉武帝还要废弃属于四分历的颛顼历，而采用"81分"历呢？

我们知道，我国古代社会朝代更替，最重要的事情就是论证新政权的合法性和权威性，其依据就是皇权神授，历法就成为重要的工具之一。

实际上，作为历史上第一个封建王朝，周代讲究"刑不上大夫，礼不下庶民"，其鼓吹的礼乐文化在贵族中是有传承的。尽管春秋五霸，战国七雄，纷纷扰扰，生灵涂炭，但毕竟这些恩怨都是在贵族之间发生的。秦王嬴政是贵族的后代，只是秦朝历时太短，秦文化还没来得及建立。但是到了汉朝就有所不同了，草民出身的刘邦，并非周族后裔，那些传统的封建礼乐文化，对于他来说肯定是陌生的。

刚刚建立汉朝，统一大业还在持续进行中，高祖刘邦来不及考虑如何证明政权的合法性。而汉惠帝16岁继位，在吕太后的高压下，实行萧规曹随，崇尚黄老哲学，但他英年早逝，来不及有什么作为。此后，吕后专权，忙着任用外戚，也没顾得上考虑正统性的问题。

到了汉朝第三位皇帝汉文帝时期，出现一位具有政治眼光的明白人——贾谊，他重申"秦亡汉兴"的道理，主张"改正朔、易服色、制法度、兴礼乐"，并设计了一整套汉代礼仪制度，以进一步代替秦制，从而奠定政权合法性的基础。然而可惜的是，这位年轻才俊提出的建议，动了王侯贵族的利益，遭到陷害，被文帝贬官到长沙，那些制度没有得到推行。

经过文景之治，社会安定，百姓富裕，汉朝迈入第一个盛世。在这个基础上，出现了历史人物汉武帝。他眼光远大，认识到制定新历法对于汉王朝的重要意义。即便遇到官方机构无能为力的困难，他依然大胆招募民间人士，亲自推进历法改革，而邓平、落下闳等人则充分认识到汉武帝造新历的决心，并瞄准他的"痛点"，进呈了"81分"历。

那么，"81分"历的关键点在哪里呢？简单概括就是"以律起历"。

以律起历

在《汉书·律历志》中记载了落下闳对于太初历的解释："其法以律起历，曰：'律容一龠（yuè），积八十一寸，则一日之分也。'"这就是说，太初历的"81分"法，来自于黄钟律管的容积。

黄钟是古代音律中的十二律之一。在我国古代传统中，一般认为黄钟律管的标准长度是九寸，而它的内管底面积为九平方分，因此体积就是810立方分，落下闳把它称为"81寸"。他们提出的新历法中分母的81，就来自于此数。落下闳把历法数据与音律联系在一起，这体现的是我国古代"以律起历"的思想。

为什么把历法与音律联系在一起，就得到汉武帝的赏识呢？这背后的思想，来自于先秦时代人们对天文和音律内在关系的深刻认识。

古人认为音律是受天地之气的推动产生的，反映了天地运行的规律，而历法正是对这种规律的表现。此外，对于新王朝来说，除了制定新历法之外，度量衡制度的统一也是统治的体现。而靠音律的理论，古人能将历法和度量衡完美地协调在一起。

在《尚书·舜典》中记载了舜帝所做的重要工作："岁二月，东巡守，至于岱宗，柴，望秩于山川，肆觐东后，协时月正日，同律度量衡。"这里所谓的"协时月正日，同律度量衡"指的就是舜帝所做的统一历法和音律度量衡的伟大功绩。

在正史记载中，从《汉书》开始，就有专门的《律历志》，把音律和历法同写在一册之中，同样体现出古代"律历合一"的传统思想。

古代乐律学

我们知道，声音是来源于物体的振动，传递到人的耳中所形成的。我们感受到的声音主要有两类：乐音和噪音。从科学上讲二者的差别并不是很大，从人的感受上则很容易区分它们。一般来说振动比较有规律的、听起来有明显音高的算作乐音。反之，振动比较杂乱，音高不明显的则属于噪音，例如，风声、水声、物体撞击声等。

但是这些区别并不是绝对的，例如，鼓声从道理上看属于噪音，但是却自古就是作为乐器演奏出来的乐音。我国古代的八类乐器，称作八音，它们是金、石、土、革、丝、木、匏、竹，其中不少乐器发出的都属于噪音，但却很好听。因此，在音乐中，乐音和噪音并存。

乐音可以构成音乐的旋律、和声等，是音乐的最主要最基本的组成。从声学科学的角度来看，乐音有三个主要的特征：音强、音调和音色。

乐律学主要以音调为研究内容，包含两个部分：乐学与律学。乐学主要从音乐实践和艺术的角度出发，研究乐音之间的关系，探讨音乐的调式和调性等。而律学则主要关注如何定出各个乐音的音调高低，最终形成完整的音高体系，即律制。

我国古代对乐律的研究有悠久的历史。在河南舞阳的贾湖发现了距今8000多年的能发出和谐的七声音阶的吹奏乐器。我国古代历来极为重视律学的研究，把它视为国家要务，其内容记载在史书中的，就是各代的《律历志》。从名称就可以看出，除了律学的内容，还有历法的内容，为什么这二者会同在一册史书中呢？

生律法

我们知道，只有一个声音，哪怕是乐音，也构不成音乐。最简单的一首乐曲，至少也要有两个以上的乐音。那么，不同的乐音组合在一起，为什么听上去会那么和谐悦耳呢？关键在于这些乐音的振动频率，彼此之间是有数学关系的。

古人注意到不同长度的弦振动发出的声音高低不同。例如，一根长为1的弦，和一根长为1/2的弦，发出的声音虽然不同，但是听上去特别和谐。其实这二者之间是八度的关系。例如，中音的Do和高音的Do，听上去十分和谐，就是这个道理。更进一步，人们发现，当两根发声的弦长是整数比，例如，2:3、3:4等的时候，发出的声音都是和谐的，只不过这些不同的和谐声音给人的感觉各有不同。

在这基础上，人们就得到了从一个音出发，找到其他和谐音的办法，这称为"生律法"。在乐律学中最主要的生律法有三种：五度相生律、纯律、十二平均律。

三分损益法

在生律法方面，我国古代最早出现的是五度相生律，实现它的办法叫作"三分损益法"。

传统上把标准乐音称为"正声"，它有五个音"宫商角徵羽"，叫作"五正声"，相当于现代简谱中的唱名12356。当这五声排列在一个八度之内时，宫声的音调最低，而羽声最高。宫声是五声中最基本的，为"众声之主"，就像国君一样，其他四声都可以从它出发通过生律法得到。

在大约距今2500年前，战国时期的著作《管子·地员》篇中，记载了从宫声得到其他四声的办法，叫作"三分损益法"。就像它的名字那样，这个方法包含两种操作，一个是"三分损"，一个是"三分益"，操作的对象是能发出乐音的物体，例如，中空的竹管，或者丝弦。在古代它们称作丝竹，今天则叫管弦乐器。对于三分损益法的操作原理来说，管或弦都可以，下面不妨以弦为例。

所谓"三分损"，是指把弦的长度等分为三份，去掉1/3，剩下2/3

的长度。而"三分益"，则是指弦延长出它长度的1/3，也就是变为4/3长。

《管子》的原文是："凡将起五音凡首，先主一而三之，四开以合九九，以是生黄钟小素之首，以成宫。三分而益之以一，为百有八，为徵。不无有三分而去其乘，适足，以是生商。有三分，而复于其所，以是成羽。有三分，去其乘，适足，以是成角。"

简单解释如下：先要得到宫音的弦长，办法是"一而三之"，是指把长度为一的弦延长三倍，"四开以合九九，以成宫"，是把三倍的操作连续做四次，这就得到3的四次方，也就是所谓的九九等于81。这个81就是宫音的弦长。邓平的"81分"历，玄机正在这里。

下面进行三分损益操作。先对长81的宫音之弦，做"三分益"的操作，也就是取它的长度的4/3，"为百有八，为徵"，得到弦长108，这就是发出徵声的弦。接下来就是从徵的108出发，"三分损"操作，即取它的2/3，得到商声之弦长72，然后再"三分益"之，取商声弦长72的4/3，得到96，这就是羽声的弦长。最后，再"三分损"之，取羽声弦长96的2/3，得到弦长64，这就是角声的弦长。到此为止，就从宫声出发，先益后损，经过四次三分后，得到了全部其他四声。这就是三分损益法。

读者可能会好奇，为什么非要取宫声的标准长度为81呢？其实原理很简单，因为要把它做四次三分损益的操作，从而生成另外四声的弦。为了保证所生成的四声的弦长都是整数，所以先要把宫声弦长设置成3的四次方，也就是81。这个道理在2500多年前人们就知道了。

从五声到十二律

三分损益法可以从一个音出发，依据乐音的相对关系，得到其他和谐音。《管子》中记载的就是从宫声出发，得到其余四声商角徵羽。那么是不是可以继续使用三分损益法，去生出更多的乐音呢？当然可以，古人早就发现这一点了。

在《管子·地员》之后，成书于战国末期的《吕氏春秋》在《季夏纪》中就把三分损益法用到生十二律上。

"五正声"是一个八度内的五个音，相当于12356，而实际上在一个八度内，可以分为12个音，这也就是钢琴键盘上一个八度内的12个键，包括7个白色键、5个黑色键。

在我国古代，把一个八度内的12个音，称为"十二律"。它们依次为：黄钟、大吕、太簇、夹钟、姑洗、仲吕、蕤宾、林钟、夷则、南吕、无射、应钟。与"五正声"类似，在这十二律中，也有一个最基本的音律，它就是黄钟。从黄钟出发，用三分损益法，就能生出其他十一律来。

我国古代最迟在公元前五世纪就有了十二律。在传世文献《国语·周语》中，最早记载了全部十二个律的律名。而出土文物，例如，曾侯乙墓出土的编钟，以实物说明了先秦十二律的存在事实。在1986年出土，2009年被整理出版的放马滩秦简中，记载了与《吕氏春秋》类似的生律法，它的成书年代基本与《吕氏春秋》相同。

古人把这十二律分为两类，其中，排在单数位置的称"律"，双数位置的称"吕"，合称律吕。在传统文化中，常以"律吕"或者十二律开头的两个律名"黄钟大吕"来指代音乐，特别是指正统的、高雅的音乐。

基本高度的十二律称作"正声"，熟悉钢琴键盘的同学可能知道，这12个音就对应于键盘上的小字一组。而比它们低八度的十二律叫作"太声"，而高八度的十二律则叫作"少声"。

相比于五声，十二律是把一个八度的音阶进一步进行了细分。除了音与音彼此保持和谐关系之外，古人还认为，十二律也代表了十二个标准的音高。就像今天的钢琴需要靠专业人士来调整，符合一套标准的音高，才能用来演奏。

《汉书》指出"五声之本，生于黄钟之律"，即十二律之首的黄钟音高是各律音高的标准音高。古代常用"正律器"来确定和检验律高，最常用的正律器是律管，能发出黄钟音的律管，称为"黄钟管"，它代表最基础的标准音高，是最基本的正律器。其余十一律也各有能发出标准音高的律管，把十二根律管以高低次序排列起来，就构成了一套绝对标准音高的衡器体系。到此，音律与度量衡系统产生了关系。

同律度量衡

中国人在先秦时期就充分认识到度量衡统一的重要性。这其中也包含了音乐方面的统一原则，具体体现在十二律的绝对标准音高。

在《汉书·律历志》中有："一曰备数，二曰和声，三曰审度，四曰嘉量，五曰权衡。"这就是古代全套的度量衡理论。

其中，"备数"是指所有数字的基础，包括"一十百千万"，它表明采用十进制。"和声"是宫商角徵羽五声，用它们来代指一套完整和谐的律制。"审度"则是指长度，最基本的单位是分寸尺丈引，十分为一寸，十寸为一尺，十尺为一丈，十丈为一引。"嘉量"是指容积，最基本的单位是龠合升斗斛，两龠为一合，十合为一升，十升为一斗，十斗为一斛。"权衡"是指重量，最基本的是铢两斤钧石。二十四铢为一两，十六两为一斤，三十斤为一钧，四钧为一石。

古人从标准的黄钟律管出发，能统一所有的其他度量衡。这就是《尚书·舜典》中所谓的"同律度量衡"。具体怎么做到的呢？

取一根发出黄钟标准音高的律管，它的长度为9寸，内管孔径3分，古人认为它的底面积是9平方分，那么一根黄钟律管的容积就是810立方分，这就是容积单位的一龠，体现出落下闳所谓的"律容一龠"。

此外，古人并不是抽象地谈论这些度量衡的单位，他们用常见的物体，也就是古代的粮食——黍来实际演示。我们知道，黍是古代的重要粮食作物"五谷"之一。古人认为在山西沁源和沁县的羊头山出产的黍，可以拿来做最标准的衡器。

在黄钟律管中装满黍子，然后倒出来数一数，发现是1200粒。这些黍子所占的容积大小是一龠。于是容积单位的标准就有了。而且可以通过灵活运用黍子的数量，得到其他容积单位。

接下来是重量的单位，1200粒黍子的重量是12铢，由于24铢为一两，也就是把两个黄钟律管中装满的黍子倒出来，它的重量就是一两。于是，重量的标准单位就有了。

再来看长度单位，古人发现羊头山的黍子大小非常标准，每一粒的直径刚好是一分。这样一来，把90粒黍子横着排成一排，长度就正好是9寸，这就是黄钟律管的长度。

智慧的古人用最普通的一粒粮、一根律管，就统一了天下所有的度量衡。这就是"同律度量衡"。

协时月正日

下面来看看音律和历法的关系。

在古人眼中，时间是循环往复的周期，白昼黑夜、一年四季有节律地出现，周而复始，如环无端。而在音律上也是这样，在一个八度内十二律基本上间隔均匀地出现，无论是向高音还是向低音，进入下一个八度，它们就又一次以新的面貌重复循环出现。

于是古人很自然地把十二律与一年的12个月联系起来，形成了一套对应关系。例如，在《礼记·月令》中有："孟春之月，律中太簇；仲春之月，律中夹钟；季春之月，律中姑洗；……仲冬之月，律中黄钟；季冬之月，律中大吕。"

讲到这里，12个月又多了一套新的名称，即用十二律来表示的。因此，十二律又与十二地支相联系起来，其中黄钟对应着子。其余类推。

我们知道，十二地支有阴有阳，其中单数为阳，双数为阴，十二个月也阴阳交错，那么对应的十二律也有阴阳之分，《汉书·律历志》说"九六相生，阴阳之应也。律十有二，阳六为律，阴六为吕"。可见，传统上认为，在十二律吕中，排在单数的六个，例如，黄钟、太簇等属阳，称为"六律"，而在双数的六个，例如，大吕、夹钟等属阴，称为"六吕"。所以律吕也反映"一阴一阳之谓道"的思想。

既然十二律对应十二地支，或者一年的十二个阳历月，实际上，宫商角徵羽五声也有对应关系物，即对应五行，在历法中，就是对应一年的五个时节。其中五行即木火土金水，五个时节即春夏长夏秋冬，按顺序对应五声，则分别为角徵宫商羽。例如，在《淮南子·天文训》中，有"东方木也，其音角，其日甲乙；南方火也，其音徵，其日丙丁；中央土也，其音宫，其日戊己；西方金也，其音商，其日庚辛；北方水也，其音羽，其日壬癸。"

除了这些之外，对于乐律学来说，还有一些名词和历法有关。例如，在我国古代除了五声宫商角徵羽对应12356之外，也有七声，类似于现代音乐的1234567。其中两个半音阶的音4和7，在古代则分别称为变徵和变宫，由于变徵位于七声的中间，也称为"中"，而变宫位于七声的最后，所以也叫作"闰"。我们知道，在汉代太初历以前，历法采用的是十九年七闰法，把闰月放在岁末，就像这七声的最后变宫一样，也叫作"闰"。

这就是《尚书·舜典》中的"协时月正日"。

律管吹灰

上面所述的五音十二律与历法的对应，既然都是人为规定的，那么它们之间是不是并没什么本质的关联？答案恰恰相反，音律与历法关系密切。

上文中提到的那些作为度量衡标准的律管，它们的尺寸最初到底是怎么定下来的？这个定标准律管的方法，在古代称作"律管候气"。

根据古人的记载，首先用竹子甚至用玉来制成粗细相同，但长短不一的中空的十二根管子，再在京城附近找到合适的地方，建立测候台，在台上用多重帷幔建成一个空气完全不流通的密室，把这些管子竖直埋设在测候台密室的地里，管口露出地面。然后，取来芦苇，芦苇古代称为葭。在苇杆的内壁里面有一层薄薄的膜，称为葭莩，把它揭下来烧成灰，称为葭莩灰，这是很轻的东西，微风都能把它们吹散。把葭莩灰小心地填到管子里面，再在管口盖上一片葭莩膜。然后坚持每天观察。

结果发现，当冬至时辰来到，一根管子中的葭莩灰会顶开葭莩膜，飞出管子来，这就是所谓的"律管吹灰"。这根与冬至节气相应的律管，就是标准的黄钟律管。以此类推，当其他节气时刻到来时，有其他的管子也会相应吹灰，那么它们就分别对应了不同的律管。

在《吕氏春秋》中有相关原理："天地之气，合而生风。日至则月钟其风，以生十二律。仲冬日短至，则生黄钟。季冬生大吕。……孟冬生应钟。天地之风气正，则十二律定矣。"

我们知道，乐器之所以能奏出乐音，是人能使它们发出和谐的振动，古人懂得自然万物生长收藏的节奏各不相同，在天地之间周流不息的气的推动之下，在特定的时节不同的律管会发生同频共振，出现葭莩灰飞。这可谓是天地演奏的大乐。难怪司马迁在《太史公自序》中说："律居阴而治阳，历居阳而治阴，律历更相治，间不容翲忽。"

不过可惜的是，近世以来不少人模仿古代的律管吹灰，进行实验，但是均未成功，原因也未明，希望将来能有人进一步深入研究。

　　如此看来，古人认为节气时间，不但可以靠观察天象来确定，也可以靠观察地气的运动来确定。这种方法在古代称为"候气术"。古人根据历法的时间节律，利用候气术，定下标准的律管，这一方法不但把天文历法与音律结合在一起，而且进一步奠定了度量衡制度的基础。

　　古代文人常以律管吹灰来形容时光的流逝。学过了上面的知识，今后再读到有关的诗句，就能多少明白诗人在说什么了。例如，杜甫有首七律《小至》，它的前两句是："天时人事日相催，冬至阳生春又来。刺绣五纹添弱线，吹葭六琯动浮灰。" 这里的"吹葭六琯动浮灰"说的就是冬至时刻到来时，律管中的葭莩灰飞出来的情景。再如宋朝汪宗臣的词《水调歌头·冬至》第一句是"候应黄钟动，吹出白葭灰"。十分形象，今后再提到冬至，又多了一种有文化的描写方法。

　　隋代诗人薛道衡有诗《和许给事善心戏场转韵诗》，第一句是："金徒列旧刻，玉律动新灰。"在这句诗中，"玉律动新灰"描写的是用玉做的律管吹出葭莩灰，这句反映的是通过律管候气来定节律，而"金徒列旧刻"则是指铜铸的圭表，它是一件靠观天来确定时间节气的仪器。这一天一地，两种观象的设备和方法在诗中都提到了，不知道读者是否也都体会到了呢？